寿光蔬菜生产技术丛书

保护地西葫芦南瓜种植难题破解100法

编著者

胡永军　丁光国　孙志刚

孙丽英　杨茂坤

金盾出版社

内 容 提 要

本书由山东省寿光市农业局胡永军高级农艺师等编著。编著者以问答的形式，从育苗技术、栽培管理、优良品种与栽培要点、病虫害防治、生理障碍防治和种植新模式六个方面，介绍了寿光菜农在解决保护地西葫芦、南瓜种植难点和重点问题中的新技术和新经验。本书科学性、实用性和可操作性强，文字通俗易懂，适合广大农民、蔬菜专业户、蔬菜基地生产者和基层农业技术人员阅读，亦可供农业院校有关专业师生参考。

图书在版编目(CIP)数据

保护地西葫芦南瓜种植难题破解100法/胡永军等编著.—北京:金盾出版社,2007.11
(寿光蔬菜生产技术丛书)
ISBN 978-7-5082-4688-8

Ⅰ.保…　Ⅱ.胡…　Ⅲ.①西葫芦-保护地栽培②南瓜-保护地栽培　Ⅳ.S642

中国版本图书馆CIP数据核字(2007)第150208号

金盾出版社出版、总发行
北京太平路5号(地铁万寿路站往南)
邮政编码:100036　电话:68214039　83219215
传真:68276683　网址:www.jdcbs.cn
彩色印刷:北京精美彩印有限公司
黑白印刷:北京蓝迪彩色印务有限公司
装订:北京蓝迪彩色印务有限公司
各地新华书店经销

开本:787×1092 1/32　印张:6　彩页:8　字数:122千字
2009年2月第1版第2次印刷
印数:10001—21000册　定价:8.00元

前　言

山东省寿光市农民，在寿光市三元朱村党支部书记、全国劳动模范、全国优秀共产党员王乐义的带领下，学习借鉴东北地区冬季大棚栽培蔬菜的经验，勇于实践，大胆创新，率先在我国北方地区发明和推广了冬暖式塑料大棚(节能日光温室)蔬菜种植技术，变蔬菜一季栽培为四季栽培，实现了蔬菜全年生产，淡季不淡，四季常鲜，引发了寿光乃至全国的一场农业产业化革命。寿光农民在这场农业产业化革命中靠种菜走上了致富之路。截至 2006 年，全市蔬菜种植面积达到 5.3 万公顷，蔬菜总产量达到 60 亿千克。寿光市有 500 多个村成了蔬菜生产专业村，有 14 万户成了蔬菜专业户。寿光市在 1995 年被国家命名为“中国蔬菜之乡”。

如今的寿光就像“绿色的海洋”，形成了“百里大棚(日光温室)三条线，万亩蔬菜连成片”的新格局。寿光人的种菜技术不仅在全国 18 个省、市、自治区得到推广，而且走出了国门，走上了世界。美国、俄罗斯、乌克兰、德国、南非、危地马拉等国都有寿光人办的蔬菜农场。2005 年，外地从寿光聘请的蔬菜技术人员多达 4 000 余人，外地来寿光参观和考察蔬菜生产的多达 4 万人。

寿光蔬菜生产的发展，呈现出日新月异的局面。特别是近几年，涌现出了不少新典型、新技术。应金盾出版社之约，我们组织寿光市活跃在农业生产第一线的农业专家对寿光市及其周边地区农民在蔬菜生产中经常遇到的亟须需解决的疑难问题、栽培中应注意的关键技术和出现的新技术、典型经验以及一些有推广价值的栽培模式等进行了解、收集和总结，编写了这套丛书。丛书按蔬菜种类分为《保护地番茄种植难题破解 100 法》、《保护地茄子种植难题破解 100 法》、《保护地辣椒种植难题破解 100 法》、《保护地黄瓜种植难题破解 100 法》、《保护地西葫芦南瓜种植难题破解 100 法》、《保护地丝瓜苦瓜种植难题破解 100 法》、《保护地冬瓜瓠瓜种植难题破解 100 法》、《保护地甜瓜种植难题破解 100 法》、《保护地菜豆豇豆荷兰豆种植难题破解 100 法》9 个分册。

本丛书的编写强调从蔬菜生产实际出发，突出科学性、实用性和可操作性，深入浅出，文字通俗易懂，以问答形式，向广大农民朋友介绍了 10 多种常见蔬菜在保护地栽培中所遇到的疑难问题及其解决方法，换句话说，介绍了寿光菜农在蔬菜种植中的先进技术，对农民朋友发展蔬菜生产将起到一定的指导、促进和借鉴作用，对农业科技人员和农业院校有关专业师生也有参考价值。

我们清醒地认识到，寿光种植蔬菜的技术也不是尽善尽美的，也存在着有待解决和提高的问题，全国不少地方和单位蔬菜生产技术在许多方面比寿光更先进，值得寿光菜农学习。本丛书的出版，也是与各地蔬菜生产基地和广大菜农交流经验、接受广大读者检验的一个机会。

由于编者水平所限，书中疏漏、不妥甚至错误之处在所难免，敬请专家和广大读者批评指正。

丛书编委会

2007 年 2 月

目　录

第一部分　西葫芦

第二部分 南 瓜

第一部分　西葫芦

一、西葫芦育苗技术

1. 西葫芦育苗时如何配制营养土?

西葫芦育苗时，由于幼苗的生长量很大，故对育苗时的营养土要求比较严格。西葫芦育苗的营养土要求富含有机质，营养齐全，pH 值为 5.7～7。为此，多采用人工调制营养土进行育苗。

首先，要选择好园土。园土是配制营养土的主要成分，不宜选用前茬是种植瓜类蔬菜的土壤，选择种过葱蒜类蔬菜的园土比较理想。园土应该打碎过筛，去掉杂草和石块。园土应无草籽、少病菌、少虫卵。保持土壤干燥状态以备用。

其次，要选好有机肥。有机肥要充分腐熟，以马粪、猪粪、大粪干等优质有机肥为好。使用前应使其充分腐熟发酵，然后晾晒，并打碎捣细过筛，减少大粒生粪，防止育苗时发热烧根或死苗。

取上述土粪(含化肥)按 6∶4 的比例进行配制，同时在配制好的 1 000 千克土中加入尿素 0.2 千克，磷酸二铵 0.3 千克，草木灰 5～8 千克及 50％甲基托布津 100 克或 50％多菌灵 100 克，2.5％的敌百虫 100 克，充分掺匀堆放备用。理想的营养土应该营养全面、彻底杀灭病虫源、土壤疏松透气。

2. 播种前西葫芦种子应进行哪些处理?

为了保证西葫芦育苗时全苗，增加西葫芦幼苗的抗逆性，常采取的处理措施有选种和晒种、种子消毒、浸种和催芽。

(1)选种和晒种 选择大小一致、颜色均匀的种子，挑出破碎的和有虫卵的种子。在浸种前应晒2～3天，以提高种子的发芽势，促进苗健壮、齐全。

(2)种子消毒 种子消毒是防止病害的主要措施之一，因为西葫芦的大部分病害可以通过种子传播。种子消毒常用的方法有杀菌剂处理、烫种处理、干热处理等。先用清水浸泡5分钟，再用0.1%高锰酸钾浸种15～25分钟，即可防止病毒病的发生。或用50%多菌灵500倍液浸种1小时可以防止枯萎病；或用40%福尔马林100倍液浸种20分钟，浸种后捞出密闭处理2～3小时，可以防止西葫芦枯萎病、炭疽病等的发生。具体操作过程见图1-1。

(3)浸种 将消毒后的种子洗净，放入30℃左右的温水中浸泡，并保持一定的时间，促使种子在短时间内吸足发芽所需的绝大部分水分。使氧气容易通过种皮，有助于种子内部营养物质的转换，在适温条件下能早萌发、早发芽。西葫芦浸种6～8小时即可，如浸种超过12小时，反而对种子的萌发不利。

(4)催芽 西葫芦种子经过6～8小时的浸种，捞出后晾干，用湿纱布包好(布包要小，要薄)，放在25℃～30℃的条件下催芽，每隔6～8小时翻动1次，使之透气。催芽期间要保持包布湿润，经2～3天开始出芽，芽长0.5厘米时即可播种。催芽时必须经常检查温度，既要防止温度过高烫伤种子，又要防止温度过低使发芽停止。并需经常翻动种子，使所有的种子都能得到相同的温度、湿度和空气，保证发芽齐全。在种子

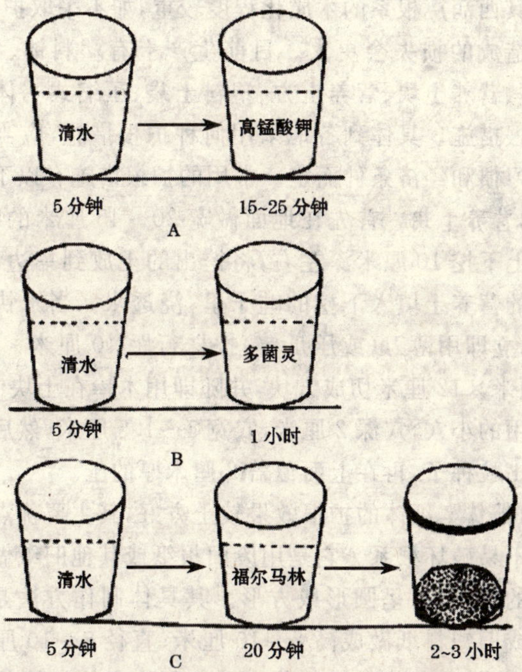

图 1-1　西葫芦种子消毒操作过程

A. 防止病毒病　B. 防止枯萎病　C. 防止枯萎病、炭疽病等

催芽过程中，倘若发现种子发黏，应立即用水把种子和布包洗净，然后继续催芽。当约 70%的种子已露白，即可进行播种。

3. 西葫芦育苗时怎样护根?

西茄芦在苗床土上生长时，地下的根系吸收表面超过地上叶子的蒸腾表面 10 倍以上。起苗定植时，90%的吸收面积将损失掉。这时地上与地下的表面比急剧下降，造成水分供应失调，轻则可能造成苗子定植后缓苗困难，重则造成苗子死亡。尤其西葫芦根系的木质化程度较重，如不采取护根措施，生产上造成的损失会更大。目前生产上有塑料钵、纸钵、草钵、泥钵、营养土块、营养土方、塑料土袋、压缩式一体化营养钵等护根措施。具体到各地采用何种护根措施，应当依当地的育苗习惯和经济条件而定。常用的护根措施有以下五种。

(1)营养土块 首先在地面做宽30～45厘米的畦，然后将畦面上下挖10厘米深左右，将挖出的土放到一边，最后将配制好的营养土填入下挖的畦子里，浇透水。当水快要渗完的时候，立即用薄刀(或压瓜铲)按株行距10厘米×10厘米或12厘米×12厘米切成方块，并随即用木棒在土块中央捣1个播种用的小穴，穴深2厘米，穴宽1～1.5厘米，然后在每个穴眼播1粒种子，再在上面覆盖2厘米厚的土。

(2)纸钵 纸钵的护根效果较土方好，其主要优点是取苗运输时不易破坏根系。它是用废旧报纸或其他旧纸做成有底或无底的纸袋，可呈圆形或方形。其具体制作方法是：先将旧报纸或旧塑料纸做成高8～10厘米、直径8～10厘米的圆杯状，接着装上营养土摆于苗床上。要注意使纸钵的高矮一致，钵和钵之间要填满土，浇透水，将种子放到钵的中央，覆上2厘米厚的细土；覆土时要用土封严，不让钵面边缘暴露出来，否则土壤水分会通过纸钵的毛边蒸发，造成钵内土干燥，影响秧苗正常生长。

(3)塑料营养钵育苗护根 用聚乙烯和炭黑生产的专用育苗器具有多种规格，可选用8厘米×10厘米或9厘米×9厘米(前一个数据为高度，后一个数据为开口直径)的钵。目前，市场上也有白色的营养钵，但依苗子的生物学特点，育苗时以黑色营养钵为佳，因为黑色对根的生长有利。

(4)穴盘育苗 参阅第6问。

（5）压缩式一体化营养钵育苗　这是一种无土护根育苗的特殊方式。压缩式一体化育苗营养钵是采用低位草本泥炭为基本原料，配加多种功能助剂，采用特殊工艺制备成的专用于作物育苗的新型基质，它将传统育苗过程中的准备床土、调节酸度、添加肥料、防治病虫、控制水气平衡等繁复操作过程通过工业化手段直接固化为营养钵压缩饼块，无须用户自行配制基质，也不需要穴盘等外置容器。用户使用时，只要对钵体补水，即可膨胀回弹至疏松多孔状态，然后向预制的种穴里播种或分入小苗，种子和小苗在钵体里萌发、成苗后带钵移栽到本田。

压缩式一体化育苗营养钵与常用育苗基质相比，使用简便、省工省力、秧苗素质好，花芽分化多；增产增收；带钵移栽，成活率高，提早成熟上市；产品无公害，不传播根结线虫等土传病虫害，无农药污染；产品技术附加值高，体积小，重量轻，便于运输贮藏。

以上是几种主要的护根措施。各地采用何种措施，可依自己的经济条件确定。一般而言，应选用营养钵育苗，尽管一次性投资可能大些，但可以多年利用，且用起来很方便，按每年的投入折算还是较低的。

4. 西葫芦的壮苗标准是什么？怎样培育西葫芦壮苗？

西葫芦壮苗的标准是：茎粗 0.4～0.5 厘米，株高 10 厘米，苗龄在 30 天左右，形态指标为 3 叶 1 心或 4 叶 1 心。从外观看，壮苗的形态特征应该是：茎粗短，节间不伸长，叶片大而厚，叶色浓绿，须根多，根白色粗壮，无病虫害，不伤主根。

和壮苗相对的，就称为弱苗。弱苗的特征是：茎秆细长，子叶早脱落，下部的叶片枯黄早，须根少，主根断裂，苗龄在

20 天以下。弱苗容易生病和受冻，移栽后容易萎蔫，缓苗慢，而且容易发生落花乃至落果。

此外，还有一种苗，称为老化苗，也有人称为僵化苗或小老苗。它的特征是：茎细发硬，叶小发黄，根少色暗，老化苗生长很慢，结果期延长，衰老快。

从上述外观形态上来认识壮苗，是生产上通常采用的标准。应当指出，壮苗和劣苗是相对而言的。在生产上，壮苗和劣苗不是截然分开的，它们中间还存在着许多中间类型，这需要有一定的实践经验，才能正确地区分。

培育西葫芦壮苗的措施如下。

(1)适期播种　西葫芦苗期根茎叶生长速度快，育苗时间不宜过长。育苗时间过长，幼苗过大，定植时缓苗慢，一般适宜苗龄为 25～30 天。

(2)浸种催芽　播种前 3～5 天粒选种子，用 50℃～55℃温水浸种。种子投放到温水中后要不停地搅拌，当水温降到30℃时浸泡 3～4 小时。浸种后将种子搓洗干净，捞出种子略晾一会，用湿布包好催芽。催芽温度为 25℃～30℃，经 1～2 天即可出芽，芽长 3～4 毫米时即可播种。

(3)准备苗床　播种前 5～7 天准备苗床，苗床内填入 10 厘米厚的培养土。培养土的配制是，先用 6 份园田土与 4 份腐熟圈粪混合，每立方米加捣细的腐熟大粪干或鸡粪 15～25 千克，过磷酸钙 0.5～1 千克，草木灰 5～10 千克。混匀后填入苗床，踩实整平，盖膜烤畦。

(4)播种　选择冷尾暖头的晴暖天气上午播种。因西葫芦苗龄短，又必须带土坨定植，所以，浇底水后随即用刀将苗床按 10～12 厘米纵横切块，切口深 10 厘米。将催好芽的种子平放到切块中央，胚芽向下，撒一把潮干细土覆盖种子。全畦播完种后，用细土覆盖，覆土厚度 1.5～2 厘米。夜间加盖草苫。

(5)苗床温度管理 播种后出苗前，要适当提高苗畦温度，促使幼苗尽快出土，白天畦温 25℃～28℃，夜温 12℃～15℃，地温 16℃～18℃。为达到所要求的温度，苗床不通风，草苫可适当晚揭早盖。出苗后立即降低畦温，防止下胚轴徒长，白天畦温可控制在 18℃～25℃，夜温 10℃～12℃，控制方法是草苫适当早揭晚盖。秧苗破心后，第一片真叶开始生长，可适当提高畦温，促使叶片生长，畦温白天控制在 22℃～28℃，夜间 12℃～15℃。定植前加强通风，降低畦温锻炼幼苗，使其适应定植，白天畦温控制在 15℃～22℃，夜间 8℃～12℃。健壮幼苗的形态是：幼苗矮壮，叶色浓绿，子叶平展肥大，两片子叶健全，根系发达。

5. 日光温室秋冬茬西葫芦什么时间育苗好？如何搭建苗床？

培育西葫芦壮苗是丰产的关键，而秋冬茬西葫芦育苗时正值高温季节。若保护措施跟不上就有可能发生一批病苗、弱苗。避免苗子发病的主要措施是降温、防雨。以寿光市为例，若不采取降温、防雨措施，秋冬茬日光温室西葫芦的播期应设在 8 月 20 日以后；如加上遮阳网，其播期可提早到 8 月 5 日；如遮阳网和旧塑料薄膜同时使用，其播期可提早到 7 月 25 日左右。遮阳网主要用于大环境的遮阳降温，旧薄膜主要用于苗子正上方的遮荫降温、防雨，平时使用时，四周不密封。具体育苗时可首先选地势高燥、土质肥沃、能排能灌的地块，做成宽 1.5 米、高 15 厘米的苗床，苗床上支拱架，上盖旧膜防雨。盖膜时苗床拱架两侧留 30 厘米左右的通风口。这一层旧塑料膜一般四周不密封，主要用于防雨。为了进一步降低温度，小拱棚上面再设一层遮阳网，这一层遮阳网既能降温，也兼能防雨淋苗，是夏季多雨季节育苗覆盖的理想材料。秋冬茬西葫芦育苗苗床如图 1-2 所示。

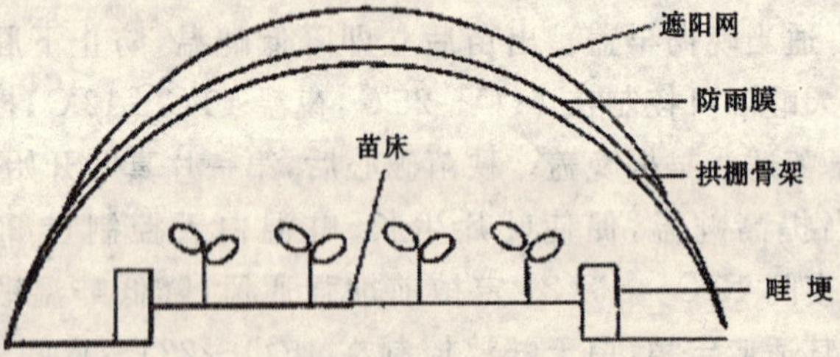

图 1-2 秋冬茬西葫芦育苗苗床

6. 西葫芦穴盘育苗应掌握哪些技术环节？

(1)穴盘及苗龄的选择 穴盘是按照一定的规格制成的带有许多小型圆形或方形孔穴的塑料盘，大小多为 30 厘米×60 厘米，盘上有 32、40、50、72、105、128、162、200、288、406、512 穴，小穴深度 3～10 厘米，塑料壁厚度为 0.85～1.05 毫米，蔬菜上常用的规格是 50、72、128、288 穴。

西葫芦穴盘育苗宜选用 50、72 穴穴盘，育苗苗龄 30～35 天，株高 10～15 厘米，具 3～4 片真叶，根系长满孔穴，将基质团拢，起苗时不易散坨。

(2)育苗基质 为了更好地创造适宜幼苗发育的根系环境，使秧苗生长迅速、旺盛、整齐一致，根系发达，同时减轻和避免降低土壤传染的病害，穴盘育种时常采用轻型基质。

用作西葫芦育苗基质的材料有珍珠岩、蛭石、草炭土、炉灰渣、沙子、炭化稻壳、炭化玉米芯、发酵好的锯末、甘蔗渣、栽培食用菌废料等。这些基质可以单独使用，也可以几种混合使用。草炭系复合基质的比例是：草炭30%～50%，蛭石20%～30%，炉灰渣20%～50%，珍珠岩20%左右；非草炭系复合基质的比例是：棉籽壳40%～80%，蛭石20%～30%，糠醛渣10%～20%，炉灰渣20%，猪粪10%。为了充分满足幼苗生长发育的营养需要，在每立方米基质中可以适当地加入三元复合肥(15—15—15)1～1.5千克。

如果是首次使用的干净基质一般不进行消毒。重复使用的基质要进行消毒处理。其消毒方法有两种：一种方法是用0.1%～0.5%高锰酸钾溶液浸泡30分钟后，用清水洗净；另一种方法是用40%福尔马林200倍液，均匀喷洒在基质上，将基质堆起密闭2天后摊开，晾晒15天左右，等药味挥发后再使用。

(3)穴盘育苗的播种 将经过浸种催芽处理的种子播于盘穴内。播种以后可以沿用常规的育苗管理方法，如上面加盖塑料薄膜，下面铺设地热线等，直接培育幼苗。

播种后温度控制在25℃～28℃，空气湿度在90%以上。在出苗阶段应及时检查，如果基质干燥，应喷水1～2次，当50%左右的苗顶土时，应喷水1次，以利于脱去种皮，防止种子带帽出土。喷水时不要用冷水，应用25℃左右的温水喷洒。

当60%幼苗出土后，及时撤除薄膜。按常规育苗管理方式进行管理，请参阅第4问。

7. 西葫芦穴盘苗的矮化技术有哪些?

西葫芦穴盘苗地上部及地下部受生长空间限制，往往造成徒长细弱，是穴盘苗生产品质上最大的缺点，也是无法全面取代土培苗的主要原因，如何生产矮壮秧苗是培育穴盘苗的关键点。一般可利用控制光照、温度、水分等方式来矮化秧苗。生长调节剂虽然能控制植株高度，但为绿色食品蔬菜和有机食品蔬菜生产所限制，不宜提倡。

(1)光照 植物形态与光有关，植物自种子萌发后若处于黑暗中生长，易形成黄化苗，其上胚轴细长，子叶卷曲无法平展且无法形成叶绿素；植物接受光照后，则叶绿素形成，叶片生长发育，且光会抑制节间的伸长，故植物在弱光下节间伸长而徒长，在强光下节间较短缩。不同光质亦会影响植物茎秆的生长，能量高、波长短的红光会抑制茎的生长，远红光会促进节间伸长，因此红光与远红光量之比会影响节间的长度。因此在穴盘苗生产上，为降低成本不宜人工补光，但在温室覆盖材质上，必需选择透光率高的材料。

(2)温度 夜间的高温易造成种苗的徒长，因此在植物许可的温度范围内，应尽量降低夜间温度，加大昼夜温差，以有利于培养壮苗。

(3)水分 适当的限制供水可有效地矮化植株并且使植物组织紧密，将叶片水分控制在轻微的缺水条件下，使茎部细胞伸长受阻，但光合作用仍正常进行，如此便有较多的养分蓄积至根部用于根部的生长，可缩短地上部的节间长度，增加根部养分含量，对穴盘苗移植后恢复生长极为有利。

(4)喷施生长调节剂 常用的生长调节剂有比久、矮壮素、多效唑、烯效唑，另外，农药粉锈宁的矮化效果也很好，但不宜应用于西葫芦等瓜类，否则易产生药害。比久的化学成分容易在土壤中分解，因此通常实行叶面喷施，使用浓度为1 000～1 200毫克/千克。矮壮素的使用浓度是100～150毫克/千克，多效唑的浓度一般为5～7.5毫克/千克，烯效唑的使用浓度是多效唑的一半。

8. 常用的西葫芦嫁接砧木有哪些品种?

(1)黑籽南瓜 根系强大,茎圆形,分枝性强。叶圆形,深裂,有刺毛。花冠黄或橘黄色,萼筒短,有细长的裂片;花梗硬,较细,棱不显著,果蒂处稍膨大。果实椭圆形,果皮硬,绿色,有白色条纹或斑块。果肉白色,多纤维。种子通常黑色,有窄薄边,株柄痕斜或平。千粒重 250 克左右。黑籽南瓜要求日照严格,日照在 13 小时以上的地区或季节不形成花芽或有花蕾而不能开花坐果。生长要求较低的温度,较高的地温条件生长发育不良。西葫芦嫁接通常是选用黑籽南瓜做砧木,其原因有三:一是南瓜根系发达,入土深,吸收范围广,耐肥水,耐旱能力强,可延长采收期增加产量;二是南瓜对枯萎病有免疫作用;三是南瓜根抵抗低温能力强,西葫芦根系在温度 10℃时停止生长,而南瓜根系在 8℃时还可以生长根毛。由于南瓜嫁接苗比自根苗素质高,生长旺盛,抗逆性强,前期产量和总产量均比自根苗显著增产。

(2)中原共生 Z101 是郑州中原西甜瓜研究所利用国外种质资源通过远缘杂交育成的砧木新品种。中原共生 Z101 较黑籽南瓜优点突出,表现发芽势强,出苗整齐,髓腔紧实,嫁接亲和力强,根系发达,吸水吸肥力强,植株生长旺盛;抗寒耐热,低温条件下生长迅速,中后期不早衰;抗枯萎病,彻底解决重茬连作障碍,耐根结线虫病。这是其他砧木所不具备的。本品种完全不同于一般黑籽南瓜,对西葫芦、黄瓜品质、风味无任何影响,可最大限度保持原品种特性,同时表现坐瓜提前,坐果率高;瓜条顺直,单瓜重增加,颜色浓绿有光泽,商品价值高;可提早上市,采收期延长,因而产量比用黑籽南瓜做砧木提高 30%。

(3)特选新土佐砧木 是从日本引进的杂交一代南瓜(笋瓜与中国南瓜的种间杂交种),生长势强,吸肥力强,与西葫芦、西瓜、甜瓜、黄瓜等瓜类亲和力均很强,耐热,耐湿,耐旱,低温生长性强,抗枯萎病等土传病害;适应性广,苗期生长快,育苗期短,胚轴特别粗壮;很少发生因嫁接而引起的急性凋萎,能提早成熟和增加产量,比自根苗减少氮肥30%。

(4)白皮黑子 生长最强健,种子黑色,用做西葫芦的根砧,西葫芦嫁接其上,低温生长性强,吸肥力强,抗土壤病虫害力强,可使西葫芦提早结果,结果良好,生产稳定,产量增加。

(5)壮士 壮士属中国南瓜,生性强健,根部抗镰刀菌病害枯萎病、萎凋病等,适于做西葫芦、黄瓜、苦瓜、甜瓜、西瓜的根砧,亲和性良好。因南瓜根砧吸肥、吸水力强,低温生长性亦强,故可使嫁接其上的西葫芦、西瓜、洋香瓜、苦瓜、黄瓜等生育结果更佳。

(6)共荣 西葫芦、西瓜、黄瓜、苦瓜等枯萎病被视为无药可救的绝症。利用抗病性共荣南瓜做根砧,西葫芦、西瓜、黄瓜、苦瓜嫁接其上,不仅可以避免土壤中枯萎病等的危害,还可以连栽,而且嫁接亲和性良好,接活率高。低温生长性强,吸肥力强,嫁接后生育结果良好,产量高稳,对西葫芦、西瓜、黄瓜、苦瓜品质无不良影响。

9. 西葫芦如何嫁接?嫁接后如何管理?

(1)砧木的选用 西葫芦的嫁接砧木,从亲和力上讲,南瓜、葫芦、瓠子都可以,但从生产实际出发,用黑籽南瓜做砧木为佳,如果根结线虫危害比较严重,可考虑选用中原共生Z101。生产中选择砧木时,可参阅第8问。选好砧木品种后,按以下环节做好砧木苗的培育和嫁接工作。

一是浸种。黑籽南瓜比西葫芦早催芽2天。烫种时的水温以55℃左右较理想，经自然冷却后，黑籽南瓜浸种10～12小时，西葫芦浸种6～8小时，然后催芽。

二是播种。催芽的种子露白时即可播种，播种前营养钵浇透水，再将种子平放于营养土上，每钵内砧木和接穗各播1粒，种尖方向一致，间隔2厘米。砧木和接穗种子在营养钵内应严格分开，如左面均为砧木种子，右边均为接穗种子，整个育苗床内应做到整齐一致，以便于嫁接操作和嫁接后管理。种子摆平后，立即覆盖一层过筛的潮湿土约2厘米厚。

三是嫁接前幼苗的管理。嫁接前苗子的管理主要是温度和水分的控制，为了尽快齐苗，土壤温度最低要保持在20℃左右，气温应控制在25℃～30℃。为了防止水分蒸发，上面可覆土或少量浇水。出苗后，可适当降温2℃～3℃，保持气温在25℃左右。

四是嫁接。当接穗西葫芦长到2片子叶1片真叶时，即可开始嫁接。按上述方法进行播种，只能进行靠接。实践证明，西葫芦嫁接以靠接的成活率为高。靠接时，一定要分清砧木和接穗。用刀片在砧木下胚轴距土面3厘米处向下斜切至中心部，同时在西葫芦下胚轴的相应部位向上斜切同样的深度，然后将西葫芦的切口相对应地插入南瓜的切口中，再用嫁接夹夹住嫁接处加以固定，同时摘除南瓜的生长点，按原来的位置放好。靠接西葫芦时一定要注意：靠接的时间越早越好，以防止西葫芦和南瓜苗过大出现中空现象。嫁接过程见图1-3。

(2)西葫芦嫁接后的管理 西葫芦嫁接后宜采用适当的遮荫保湿、保温方法进行管理。①控温。嫁接后白天温度宜保持在25℃～30℃，夜温保持在17℃～20℃。②遮光。嫁接后依天气和苗子的情况决定遮荫的方法。一般采用旧薄膜加

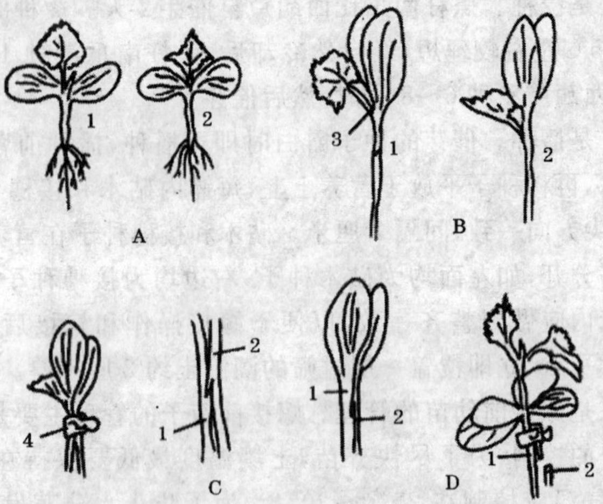

图 1-3　西葫芦嫁接操作过程

A. 砧木与接穗　B. 砧木与接穗处理　C. 嫁接　D. 断根

1. 南瓜苗　2. 黄瓜苗　3. 摘除生长点　4. 嫁接夹

麦(稻)草遮光，嫁接后头3天不见光，不通风。3天后在日出和日落前适当揭开草苫透光，使苗子见一些弱光，以后逐渐加大透光量。待6～7天接口愈合后白天可不再覆盖。在见光的同时还要注意保湿。③保湿。嫁接苗随即用旧塑料膜覆盖，封闭四周，保持空气相对湿度为85%～90%。5～6天后可以开始小通风，并逐渐降低湿度。10天后开始大通风，通风时应注意加大通风量，防止在通风时出现萎蔫。一旦出现萎蔫，应及时遮荫喷水，停止通风。④断根。根据伤口愈合情况，于嫁接后5～7天可进行一下试探性处理。即将接口下西葫芦茎用手捏劈。如果在晴天中午西葫芦的苗子不萎蔫，说明上下已接通，完全愈合，水分能上下进行正常运输，可去掉夹子，沿接口下方用剪刀或刀片把接穗(西葫芦)茎切断进行断根，即形成一棵完全独立生活的嫁接苗子。若用手捏劈后开始打蔫，说明还没有完全愈合，可再等1～2天再定植；若仔细观察接口处，并轻轻地摇动，若接口处脱离说明没有接活，没接活的苗子不能定植。

嫁接断根后的管理与西葫芦自根苗相同，嫁接后10～15天进行幼苗锻炼，当嫁接苗具有3叶1心时可移栽定植。

二、西葫芦栽培管理

10. 西葫芦定植前如何整地施肥？

西葫芦根系发达，入土比黄瓜深，植株生长势强，且系多次采收，故定植前整地时一定要考虑上述因素。如定植到日光温室的垄上，上面又覆薄膜，将来的采收期内追肥不容易，就更应该结合整地将肥施足。一般将准备定植西葫芦的地块深翻30厘米，每667平方米计划施有机肥8立方米，用其中的6立方米普撒一遍，再次深翻、耙平。按行距要求放线、做垄，做垄前将剩下的2立方米有机肥均匀地施入垄下。也有的在做垄时，结合施有机肥，每667平方米施入过磷酸钙50千克或磷酸二铵20千克，硫酸钾30千克，1～2千克微量元素肥，然后浇水。待人能进入日光温室时，在垄上覆上宽1.4米、厚0.01毫米的地膜，待定植。

施基肥时肥土要均匀，深浅要一致。施肥量不论多少，也不管是有机肥还是无机肥，一定要与土壤混合均匀，深度达到30厘米以下，以防烧根烧苗。另外，需要特别注意的是，有机肥一定要腐熟透，特别是鸡粪一定要提前发酵，如果时间短，可用塑料薄膜覆盖法进行快速发酵。粪肥做快速发酵的，施用前要充分晾晒，以防止氨气中毒。未经发酵的鸡粪要少施或不施。

对于连作障碍严重的温室土壤要增施微生物菌肥。大量生产实践证明，通过增施微生物菌肥，既能提供作物生长所必需的营养元素，又能达到以菌治菌，用大量有益菌占据土壤微生物的主导地位、逐步改良土壤的目的。

11. 西葫芦是畦栽好还是垄栽好？如何起垄？

传统的西葫芦栽培一般都是采用畦栽。在长期的实践中，寿光菜农发现，畦栽不仅病害严重，而且较垄栽管理费事。通过不断摸索，普遍认为垄栽比畦栽好，垄栽具有能加厚熟土层、营养集中、土质疏松、通透性好、土壤昼夜温差增大等优点，这些优点对西葫芦的幼苗生长和根系生长都非常有利。垄栽还有利于排水灌水。垄栽克服了平畦栽培涝了排水难，旱了要大水灌的不良栽培方式，避免了土壤板结而影响幼苗的生长及根系发育。起垄栽培还能改善通风透光条件，提高光合能力，增加干物质的积累。起垄栽培也较平畦方便，省工、省力，还有利于覆盖地膜和进行吊蔓及植株调整。

起垄的方式有两种：一是先放苗后培土，自然形成栽培垄，二是先起垄后栽苗。前者是将苗子带土墩按标准株行距（南北行）先蹲放在定植穴的位置处，土墩要求上齐下不齐，摆放后从大行内取土培至土墩之间，按规定的高度、宽度、坡度、沟深进行仔细修正，然后浇水漫灌，沉实后再松土修正，便成为符合标准的栽培垄。先起垄后定植者，要求垄宽 1.2～1.4 米，垄平均高度 15～20 厘米，形成内高外低的斜面，便于地膜覆盖。垄向南北，垄与垄之间的垄沟宽 40 厘米左右，垄上开暗沟，暗沟两侧各栽 1 行西葫芦，实行三角形栽植，株距 45 厘米左右。起垄模式见图 1-4。

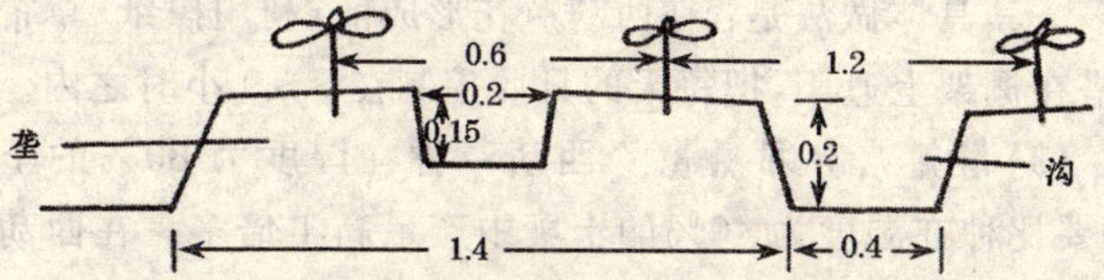

图 1-4　西葫芦起垄栽培模式　(单位:米)

12. 怎样让西葫芦多开雌花?

(1)乙烯利处理　栽培西葫芦,当瓜苗长到 3～4 片真叶时,用 150 毫克/千克乙烯利喷洒植株后,每隔 10～15 天喷 1 次,共喷洒 3 次,可以增加雌花,减少雄花,提早成熟 7～10 天,增加产量 20%。

应用乙烯利控制西葫芦雌雄花需注意以下 3 个问题:①必须与栽培措施相结合。应用乙烯利处理西葫芦固然能多开雌花多结果,但在肥水条件不能满足时,其瓜型小,结瓜率低,并不能获得高产,因此应用乙烯利后要加强肥水管理,促进植株生长良好,方能达到增产的目的。②把握好使用时期。乙烯利应用时期至关重要,其使用最适时期取决于西葫芦的发育阶段和应用目的,宜早不宜迟。乙烯利用于诱导瓜类雌花形成,必须在幼苗期喷施,用于西葫芦为 3～4 叶期,过迟用药,则早期花的雌雄已确定,达不到诱导雌花的目的。③注意用药浓度和使用部位。乙烯利使用的浓度不能过高或过低,一定要按照使用说明书操作,否则不但不能增产,还会造成其他不良结果。使用部位一般为幼苗期叶面喷施,喷洒过程中不要重复喷。应用乙烯利处理西葫芦时,喷施过的植株雄花减少,故一定要留少量植株不喷施,以利于授粉结瓜。

(2)遮阳处理 西葫芦是短日照作物,缩短光照能使雌花增多。其具体做法是:在西葫芦花形成前,利用黑纸、草帘等物搭在棚架上遮阳,把每天的日照控制在8～9小时之内。

(3)增加水分和氮肥 西葫芦种在湿度为80%的土壤中,要比种在湿度为40%的土壤中产量高1倍多。在西葫芦早期发育中提供充足的氮肥,也可以增加雌花的数量。

(4)二氧化碳气体调节 空气中二氧化碳含量高,不仅可抑制瓜苗呼吸作用,还可提高光合效率,对雌花形成十分有利。当空气中二氧化碳含量达0.1%时,雌花的比例就显著提高;当二氧化碳含量达1%时,雌花分化率可达100%。苗期在棚内熏烟,并密闭2～3个昼夜,增加空气中二氧化碳的浓度,也有较好的效果。

13. 日光温室西葫芦怎样管理才能做到花多结瓜?

(1)精心管护,实施人工授粉 西葫芦的第一朵花一般是雌花,第二朵花一般是雄花,雌雄花一般在6～8时开放,9～11时可见雄花粉散开,也是授粉的最佳时段。授粉时,首先应察看雄花是否产生了花粉,可用手指抹一下雄花花蕊,发现手指尖上有黄粉末,那就是有成熟的花粉,然后将雄花取下,去掉花瓣,对准雌花的柱头轻轻摩擦,使柱头受粉均匀,否则容易长成畸形瓜。

(2)把握恰当时机,巧用激素涂抹 在空气湿度相对较大或是棚室内没有雄花,而且每个枝蔓的叶腋都有雌花,这种情况即1叶1瓜。此时就需要用激素处理坐瓜。现在常用于坐瓜的激素主要是2,4-D或保果宁等。

使用激素涂抹幼瓜,要选择晴天9～11时进行涂抹。一般情况下最好的方法是涂抹幼瓜的两头和花蕊,用一支毛笔蘸药，一瓜一蘸，第一笔先抹开花端的下面，第二笔再涂抹开花端的上面，第三笔抹瓜柄端的下面，第四笔抹瓜柄端的上面，第五笔轻点一下雌蕊柱头（这一笔很重要，其主要作用是防止出现尖嘴瓜，但注意一定要轻）。抹瓜顺序见图 1-5。激素涂抹幼瓜时应做到根据幼瓜生长态势，观察其形状，因瓜而定，大头瓜抹小头，弯瓜抹里面（图 1-6）。

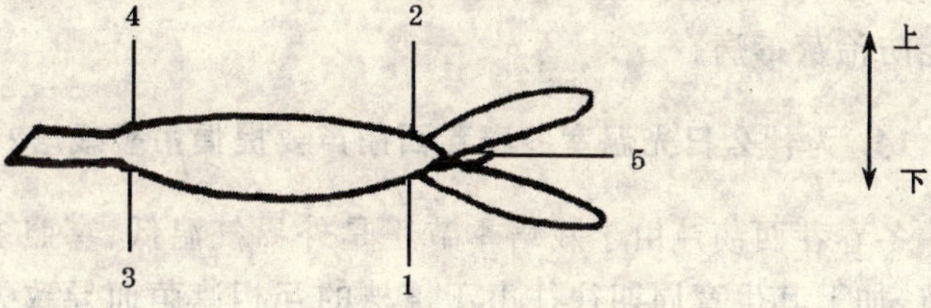

图 1-5　正常情况下激素涂抹瓜的顺序

1、2、3、4、5 分别表示第一笔、第二笔、第三笔、第四笔、第五笔

另外，要注意以下两个问题：一是使用激素时，如温度高时，使用的浓度要低些；温度低时，浓度配比应稍大些。二是如西葫芦的瓜秧长势旺，用药浓度应大些；长势弱时，浓度要小些。在激素使用时，应加入适量的红、蓝、黑颜色，作为一种有色标记，用来区

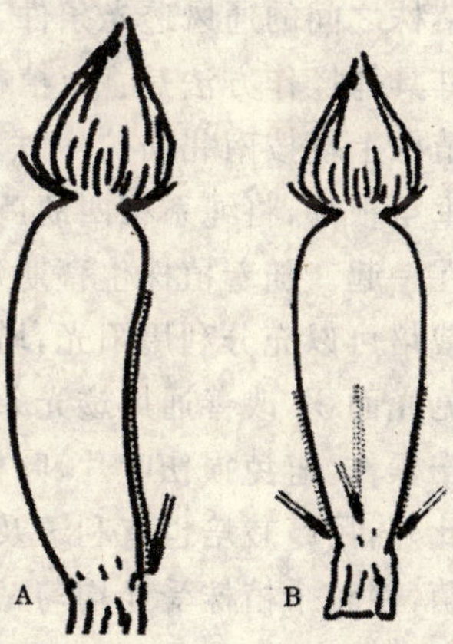

图 1-6　激素涂抹畸形幼瓜示意图

A. 弯瓜抹里面　B. 大头瓜抹小头

分蘸花与否(一朵花只可涂抹1次,不应重复或多抹),涂抹的最佳时间应当在雌花开放前一天和正在开放时,须注意的是,蘸花不要在阴雨天和下午进行,因为一是效果不好,二是坐果率太低,还特别容易发生畸形瓜。

据菜农蘸花后反映,2,4-D与保果宁相比较,保果宁的安全性好于2,4-D,其一是不易发生毒害和畸形瓜,其二是保果宁本身含有防治灰霉病的药物成分,用后不仅能促使早坐瓜,还能防治灰霉病。

14. 为什么日光温室冬春茬西葫芦要提倡吊蔓栽培?

冬春茬西葫芦由于栽培季节正是外界气温低、寡照多的季节,加上其生育周期往往由于植株的互相遮荫而导致大量化瓜。为了解决这个问题,近几年,寿光市模仿黄瓜的栽培方式对西葫芦进行栽培。实践表明,西葫芦吊蔓栽培不但可以改善植株之间的通风透光条件,也可提高产量,减少病害的发生。其具体操作方法是:当植株长到8片叶时开始吊蔓,在每行植株上端按南北向拉一铁丝,并在每个植株拴1条尼龙绳下垂至根部,将绳系在西葫芦的根茎上,使吊绳与茎蔓相互缠绕在一起。随着植株生育期延长,植株应进行适当的落蔓。吊蔓栽培可以充分利用阳光,增加叶片见光面积,提高植株下部的见光面积,改善通风透光条件,同时有利于喷药和进行其他生产操作,避免损伤叶片、叶柄。

此外,吊蔓栽培也有利于及时除去下部发黄叶片,既能减少遮荫,使整个植株受光均匀,又能减轻病害,提高产量。

15. 日光温室西葫芦怎样进行植株调整?

西葫芦在其较长的生育周期中,主要以主蔓结果为主,为了保证主蔓的生长优势，应及时地抹去侧芽。西葫芦下部的叶片如黄化面积超过 1/3 以上的应及时去除，这样可以保证下部受光充分，又能避免病虫害的发生。矮生西葫芦的大部分品种几乎都是节节有花，个别品种一节出现好几条瓜，由于养分供应不足，往往出现一部分雌花和幼果化掉。这时应及时摘除化掉的瓜，将化掉的瓜和病瓜及尖嘴瓜及时去掉，以免留在植株上引起病害。另外，为了防止后期植株衰老，当主蔓老化或生长不良时，可选留 1～2 个侧蔓让其自由生长，待其出现雌花时，可将主蔓的头去除，以保证侧蔓结瓜。如果主蔓过长，下部的叶片又去除了很多，主蔓可有一部分幼嫩部位盘绕后埋到土中，以使其发生不定根，但这里需要说明的是埋入土中的主蔓，一定要木质化程度较轻，否则即使埋到土中，产生不定根的可能性也非常小，不利于植株的养护。

去除老叶、烂叶、病叶的方法：西葫芦在生长过程中，采取调整措施对生长十分重要，一定要及时除去分杈和畸形瓜。在植株中后期，叶子几十片，底部叶子老化、腐烂、病叶会产生，如不及时去除就会传染病害，影响光照和坐瓜，所以要及时除去老叶、烂叶和病叶，对此要注意以下 6 个问题：①晴天上午去叶，加强通风排湿，使伤口尽早愈合。②只去叶片，保留叶柄，使叶柄中空部分不暴露于空气中，待其自然变黄、枯萎再去。③每次去老叶的数量不要过多，应去 2～3 片叶，若一次去除过多的叶片会影响长势和产量。④要掌握确保单株大叶片保留 10 片以上。⑤采瓜和去老叶，造成茎上伤口，应及时用多菌灵、甲霜铜、绿亨 1 号或重茬宝等药喷茎或涂抹，以防止病菌侵染。⑥及时把去掉的叶片清出棚外，保持棚室干净。

16. 日光温室西葫芦为什么要进行人工授粉？怎样进行人工授粉？

在日光温室西葫芦栽培中，由于温度低，花粉发育不良，而且传粉昆虫少，传粉不足，造成雌花不能受精。另外，春季地温偏低，使细苗生长不良，容易形成瘦弱株。该种植株的雌花子房小，营养不足，发育不良，容易落花落瓜。因此，必须实行人工授粉，才能促进西葫芦正常结瓜。

人工授粉应选择在晴天 8～11 时进行。首先收集当天盛开的雄花的花粉，即用剪子把正在开放的雄蕊剪下，集中放在玻璃培养皿内或干燥的小碟中，然后用毛笔取混合的花粉轻轻涂抹在盛开的雌花柱头上。另一种人工授粉的方法更为简单，即将雄花用手采摘下来，撕去花瓣，把整个雄蕊直接对着雌花，让花粉粒自然大量地落在雌花柱头上，这种方法在有些地方俗称“对花”。

进行人工授粉往往遇到雌花多、雄花少的问题，有时植株先开雌花后开雄花，所以人工授粉应节约花粉，1 朵雄花可为 3～4 朵雌花授粉。

17. 如何用萘乙酸等配制西葫芦坐果剂？怎样使用？

(1)配方　萘乙酸 5 克＋赤霉素 0.5 克＋瓜类膨大素 5 克＋硼砂 20 克＋葡萄糖 50 克＋水 500 毫升配制成原液。

(2)配制方法　用 20 毫升白酒将萘乙酸和赤霉素分别溶解后混和，用少量水将瓜类膨大素和硼砂分别溶解后加入，最后加入葡萄糖水，充分混溶。用这种方法配制的蘸花剂原液黄亮而不沉淀，易久存。

(3)蘸花剂使用　取配制好的原液 5 毫升＋磷酸二氢钾

10克十尿素10克十水500毫升，充分混溶后用毛笔蘸上点花。为了防止西葫芦花和幼果受灰霉病的危害，可在蘸花液中加入5克的速克灵或扑海因，配成0.1%的速克灵或扑海因药液，用于点花。

用这种蘸花剂蘸花的西葫芦，坐果率高而且生长快，如果肥水条件良好，管理得好，8～10天幼果就能采摘上市，单果重150～200克左右。

18. 如何正确使用益果灵(0.1%噻苯隆制剂)防止西葫芦化瓜？

(1)施用方法 西葫芦定植缓苗后，为使幼苗健壮生长，应及时摘除第一、第二个根瓜，弱苗应连同第三个根瓜一并摘除，后面的瓜胎出来时开始喷施益果灵，浓度为1毫克/千克(30毫升益果灵对水30升)，17时后进行喷雾，每隔7～10天喷施1次，在生长期连续施用。

(2)使用效果 ①提高坐瓜率。据田间调查，早春保护地西葫芦喷施益果灵后，保花保瓜率达到90%以上，与2,4-D的保花保果效果相同。②提高果实发育速度。据调查，西葫芦施用益果灵10天后，平均单瓜重比在同等条件下用2,4-D点花的西葫芦增加20%以上。③提高商品率。喷施益果灵后西葫芦长得匀称，瓜条顺直，果实外观质量明显提高。据调查，用2,4-D点花后，大头、细腰等畸形瓜发生率约为20.5%，而用益果灵处理后的畸形瓜率则不超过3%。④提高产量。用2,4-D对作物点花时，其使用浓度受温度及环境条件影响较大，技术上要求严格，生产中不好把握，且处理后产量明显低于喷施益果灵。据调查，喷施益果灵的西葫芦，每667平方米比用2,4-D点花增产达30%以上。⑤降低劳动强度及生产成本。采用人工授粉或用2,4-D点花，必须在花开后2小时内进行，否则达不到保花保果的目的，而且劳动强度大、费工费时；而使用益果灵只须每隔7～10天在17时后喷施1次即可，简单易行、省工省时，降低了生产成本。⑥提高抗病性。据观察，喷施益果灵后，西葫芦常见病害很少发生，从而减少了农药的使用，节约了成本。

(3)注意事项 使用益果灵时应注意以下5点：①要严格掌握使用浓度，浓度不能随意增加或减少。②配药时一定要用中性水，必要时用纯净水。③在施用时雾化要好，喷施要均匀，不要重复喷施。④不能与其他农药、化肥及调节剂混用。⑤要和水肥等其他管理措施结合起来，否则将影响药效的发挥。

19. 什么是日光温室西葫芦熊蜂授粉技术？

西葫芦人工授粉是温室必不可少的一项工作，在实际操作中，人工抹西葫芦花药会产生畸形果，降低坐果率。寿光市利用熊蜂授粉已得到初步应用推广，不仅节省劳动力，而且改善了产品品质，提高了产量。

(1)熊蜂的种类 商品熊蜂分为两类：一类为非供养熊蜂，蜂箱内存有充足的液态糖源，使用者不需供给养料；另一类是标准系统熊蜂，使用者可以通过控制液态糖源供给来提高熊蜂的授粉效果。

(2)蜂箱结构 蜂箱设2个开口，一个是可进可出的口(A)，另一个是只进不出的口(B)。正常作业时，可封住B，打开A，允许熊蜂自由进出。当喷药时，可挡住A，打开B，使室内熊蜂全部回到蜂箱，以免遭受药害。

(3)使用方法 蜂箱要轻拿轻放，置于凉爽处，离地面50

厘米高。开始使用1小时内打开蜂箱两个口，熊蜂工作时会在花瓣上留下肉眼可见的棕色印记（称为“蜂吻”）。在西葫芦盛花期，一般每667平方米放25～30只熊蜂，使用2个月后更新。熊蜂对高温敏感，可在上午于蜂箱两侧和顶部放置一块浸透水的抹布，每隔2～3个小时淋1次水。

(4)注意事项 ①防止熊蜂蜇人，避免强烈振动或敲击蜂箱。工作人员不要穿蓝色衣服，不要用香水等化妆品，以免吸引熊蜂。②合理使用农药。黄昏熊蜂回箱时把蜂箱移出温室后再施药，经2天后再放回原地。严禁施用具有缓效作用的杀虫剂、可湿性粉剂、烟熏剂及含有硫黄的农药。

(5)优点 给西葫芦进行熊蜂授粉，与用激素点花相比具有以下三大优点：①提高产量，增加收入。利用熊蜂授粉可以掌握授粉的最佳时机，花粉活力强，柱头授粉均匀，使花朵都能得到重复授粉的机会，使西葫芦坐瓜率高、生长健壮迅速，大幅度增加西葫芦的产量，西葫芦增产10%～20%。②改善西葫芦品质，提高产出效益。采用熊蜂授粉技术坐瓜率高、瓜发育正常、成熟早，并且瓜形周正、颜色亮丽、营养丰富，一级瓜可达90%。出售价格比人工激素点花高出10%～20%。③省时省力，确保健康。采用熊蜂授粉，可以大大降低劳动强度，同时避免与2,4-D等化学药品的长时间接触，有效地减轻了药品对人体的危害。

20. 怎样提高温室的保温性能？

日光温室的热量来源主要是太阳辐射能，一方面需考虑让尽可能多的太阳辐射能进入室内，另一方面要使进入室内的热能尽量减少向外散失，也就是说温室采光、保温性能要好。提高温室保温性能，可以采取以下措施：

一是温室的后墙和后坡是寒风侵袭的主要部位，保温性能好坏对温室内温度影响很大。因此，后墙外要增加培土或覆盖秸秆，培土层的厚度相当于当地冻土层的厚度再加 50 厘米，以达到最大限度地降低导热系数，减轻温室内热量的散失。后坡上采用多层保温轻体材料，如秸秆、稻草等，并适当随天气变化增加厚度，降低热传导率。

二是后墙外架设风障，并在后墙与风障外填满乱草、稻壳，以减弱风势。

三是日光温室前屋面覆盖的塑料薄膜最好选用 0.1 毫米左右厚的聚氯乙烯薄膜。这是因为聚氯乙烯膜对于地面反射的长波辐射透过率小于聚乙烯薄膜，所以保温能力前者大于后者。

四是前屋面外部在夜间覆盖草苫，草苫之上覆盖浮膜。覆盖浮膜是日光温室深冬生产西葫芦等蔬菜时，傍晚放草帘后在草帘上面盖上一层薄膜，周围用装有少量土的编织袋压紧。覆膜一般用聚乙烯薄膜，幅宽相当于草帘的长度，覆膜的长度相当于温室的长度，厚度为 0.07～0.1 微米。深冬夜间棚室内温度，覆膜的比不覆膜的高出 2℃～3℃。

五是温室内使用多层覆盖。有条件的，可以覆盖无纺布内保温幕；无条件的，可用聚乙烯塑料薄膜代替，即在温室棚膜下面 20～25 厘米处纵向或者横向拉几道细铁丝，铁丝上面铺塑料薄膜，夜间展开，白天拉向两边，室温可提高 2℃。在此基础上，地面再扣小拱棚，这样保温效果更好，又可增温 2℃～4℃。

六是在温室前窗外侧设防寒沟，防止室内土壤向外传热。防寒沟距前窗 10 厘米，沟深 30～40 厘米，宽 30 厘米，沟内填入炉渣、乱草、马粪、稻壳等物，踏实后盖土封严，盖土厚 15 厘米以上。

七是注意经常检查温室的封闭情况，从而减少因缝隙透风而造成的降温，及时修理破损塑料薄膜。

21. 日光温室西葫芦春季栽培怎样搞好通风换气？

日光温室西葫芦春季栽培，可采取以下方法搞好通风换气：

第一，上午当棚温升至20℃时，开1次风口，将风口开至所需大小。当棚温升至25℃时，加大风口，使其达到要求大小。下午当棚温降至23℃时，一次性关闭风口。由于该阶段外界温度低，常有寒流袭击，秧苗尚小，保温是该阶段的主要矛盾。

第二，当外界气温渐暖，上午太阳出来，气温上升后，一次性打开通风口至要求大小，不使植株受早晨寒冷的威胁，又要防止棚内温度高、湿度大。下午太阳落山前关闭风口，使下午棚内湿度大大降低，以达到保温过夜的目的。这一阶段的保温、防病同等重要。

第三，随着外界温度已高，风季已过，应一天比一天早开风口，晚闭风口。同时要撤掉温室前裙薄膜，以达到穿堂大通风。采取早开晚闭，撤掉温室前裙薄膜大通风，以避免或减缓高温、高湿带来的危害，达到防病的目的。

第四，多雨季节可终日将风口大开，降低棚内温度与湿度，达到防病保秧增产的目的。操作时应注意，阴天照常放风，雨天不放风，连阴雨天要换气；有旋风时或大风天要临时关闭通风口；雨天骤晴时，不要一下子通大风；有雷阵雨降临时，关闭通风口；棚内空气相对湿度经常处于80%～90%，夜间可达100%，需要经常通风降湿。

22. 如何改善日光温室内的光照条件？

日光温室主要是在日照时间短、光照弱的季节进行西葫芦等蔬菜生产，关键是充分利用光能资源。温室内光照度决定于室外自然光强与温室的透光能力。由于拱架的遮荫、薄膜的吸收与反射作用及薄膜凝结水滴或尘埃污染等影响，温室内光强明显小于室外，一般为室外光强的50%～80%。日光温室内光照从水平分布来看，以中柱为界，可以分为南部强光区和北部弱光区。在东西方向上，由于山墙的遮荫作用，午前光照度东部小于西部，午后西部小于东部，温室中部是全天光照最好的区域，所以建造温室在一定范围内应尽量增加长度。温室中部光照度的垂直分布是从上向下明显递减，在薄膜屋面附近，光照度相当于自然光的80%，距地面0.5～1米处为60%，0.2米处只有55%。日光温室改善光照条件的关键是最大限度地增加室内光照度，为提高室温促进蔬菜作物的光合作用创造条件。具体措施如下。

第一，在建造温室时要选择好方位角，撤除南面遮荫物；设计合理的采光角，尽量减小光线的入射角；减少前屋面骨架的遮荫部分，竹木结构的温室最好建成悬梁吊柱式，大量减少立柱。琴弦式日光温室的优点是除了高跨比合理、采光角度好、保温措施得力外，其前屋面的遮荫面小，光线透过率也高。

第二，为了充分利用阳光，提高透光率，最好选用无滴膜或无滴防尘膜，并且要经常用拖布擦净薄膜屋面。如果覆盖普通薄膜，应尽量减少膜面上水滴聚集。其具体方法：一是新薄膜在使用前先将薄膜铺在棚架或地面上晾晒几天，然后再将向阳面向下正式覆盖在温室或大棚骨架上，这样可以减少水珠的凝聚。二是已经覆盖的薄膜，发现雾滴过多，可用抹布蘸大豆粉抹擦，可明显减少雾滴。

第三，为了延长日照时间，在可能情况下尽量早揭晚盖草苫，阴天也要揭开草苫利用散射光。寒冷季节的阴天，只要作物不受冻害，短时间出太阳也应揭开草苫。另外，尽量缩短卷盖草苫时间，在一定程度上能够延长光照时间。近年来，有些农户开始应用电动卷帘机或机械卷帘机，每 667 平方米温室只需 15～20 分钟就能把草苫揭开和覆盖好。

草苫揭盖时间的确定：正常情况下，揭开草苫后，室内气温下降 1℃～2℃，经过 10～20 分钟后室温上升，是合理的；若揭开草苫后室温直线上升，说明草苫揭得偏晚，浪费了一段见光时间。傍晚一般是在室温下降到 18℃～20℃时盖草苫，盖草苫后室温回升 1℃～3℃，而后缓慢下降，这样既可以保证前半夜温度较高，有利于光合产物的运转，又可使后半夜室温不至于降低到西葫芦的生长低限(8℃～10℃)，同时降低呼吸消耗。

第四，张挂反光幕，提高光照度。反光幕是一种聚酯镀铝膜，幅宽 1 米，表面平滑光亮，呈现银色。将反光幕张挂在日光温室的中柱附近，可有效地提高温室后部的光照度。距反光幕越近，反光效果越好。如距反光幕 1 米处，近地面的光照度可增加 29.1%，2 米处增加 18.9%，3 米处增加 9.2%。冬季的反光效果比春季更好一些。日光温室张挂反光幕，还有明显的增温作用，一般高于对照区 2℃左右，5 厘米地温的增温效果好于 10 厘米，晴天增温比阴天明显，距反光幕越近增温越明显。反光幕每 667 平方米一次投资 260～300 元，可连续使用 3 年，增产、增收效果明显。张挂反光幕的具体做法是将两幅镀铝膜用透明胶布粘成 2 米宽的反光幕，在中柱北部或后墙处东西向横拉一道铁丝，把反光幕上边搭在铁丝上卷过来，用透明胶纸粘住，垂直于地面。这样太阳光照射到反光幕上，又反射到植株和地面上，可增加光照度，提高地温和气温，促进西葫芦光合作用，降低空气湿度，减轻病害的发生，提高产量。

使用反光幕要注意的是，应选择在采光科学、保温性能良好的高效节能温室里张挂。这是因为反光幕不产生热量，也不蓄热。如果温室采光不合理，保温措施不力，张挂反光幕不会有太好的效果。另外，铝易氧化，不耐酸碱，聚酯镀铝在温室高温环境条件下易脱落，因此最好选用外层覆有塑料薄膜的聚酯镀铝反光幕。

23. 日光温室栽培西葫芦应该怎样浇水？

浇水是影响日光温室等设施内空气湿度的首要因素，如操作不当，会立即引起温室内空气湿度大幅提高，甚至达到饱和状态。因此在日光温室等设施内浇水时必须注意做到以下几点。

第一，根据日光温室西葫芦栽培特点浇水，在冬春低温季节，土壤温度较低，温室内湿度高，为防止地温降低、室内空气湿度增大而诱发病害；最佳灌水方法是采用膜下滴灌。滴灌具有不板结土壤、不破坏土体结构，土壤空隙度高，供水均匀，土温变化小，有利于西葫芦根系生长发育等优点。并且膜下滴灌又能减少土壤水分蒸发和热量散失，降低温室内空气湿度，有利于防止西葫芦病害发生。如果没有滴灌设备，可进行地膜下暗灌，切忌一次浇水量过大。

第二，根据温室内西葫芦生长发育规律与需水特点供水，苗期应适当控制浇水，避免幼苗徒长而影响花芽分化。坐果后，应加强供水，促进果实膨大，提高产量。

第三，根据室内西葫芦长势决定是否浇水。西葫芦在不同的水分条件下其长势表现不同，水分充足时，生长点嫩绿；缺水时，则生长点叶片小，叶色浓绿，颜色深于下部叶片，而且易出现尖嘴瓜。瓜秧一旦发生上述现象，就应尽快浇水。

第四，根据天气情况浇水。日光温室浇水必须在晴天清晨(6～9 时)进行，最迟在 10 时以前浇完。阴天和下午决不能浇水，因为晴天可以提高室温，能够尽快蒸发掉地表残留水分，并可在中午前后进行大通风，可降低温室内空气湿度，不会因浇水使温室内空气湿度提高而诱发病害；如果在阴天或下午浇水，浇水后不能进行大通风，温室内湿度增大，必然会诱发病害。

第五，冬季要用井水灌溉。冬季水温低，除井水外，其他水的温度都在 0℃～4℃，用这样的水浇灌西葫芦，会引起地温急剧下降，伤害西葫芦根系，甚至引起冷害现象发生。而井水温度稳定，即便在严冬季节，其温度仍可达到 16℃左右。用这种水在清晨浇灌西葫芦，不会引起地温下降。

第六，浇水之前，应先细致喷洒防病药液天达-2116 或纳米磁能液，保护西葫芦叶片、茎蔓、果实，以防止灌水后，湿度提高而诱发病害。

24. 日光温室栽培西葫芦增施有机肥料有什么好处？应该怎样施用有机肥料？

日光温室栽培西葫芦增施有机肥料具有以下两大优点。

第一，有机肥料施入土壤以后，经土壤微生物的作用会转化成腐殖质，腐殖质进一步分解，不但可释放出氮、磷、钾、钙、镁、硫、硼、铁、锌、铜等肥料元素，可供作物不断地吸收利用，而且有机质被微生物分解后还能不断地释放出大量的二氧化碳和水分。设施和大田不一样，释放的二氧化碳不会被风吹走，留在室内成为作物的光合作用的原料。因此，在日光温室等设施内大量增施有机肥料，可有效地解决室内栽培作物二氧化碳气体缺乏的问题，使温室内二氧化碳的含量大大高于露天条件下空气中二氧化碳的含量，能大幅度地提高室内作物的光合生产率和产量。

第二，大量增施有机肥料，可以显著提高土壤有机质含量。有机质在土壤中，经微生物的作用转变成为腐殖质（如胡敏酸、富里酸和胡敏素）。土壤中的腐殖质含量虽少，但对土壤性状和植物的生长状况影响是多方面的：①土壤有机质能够改善土壤的理化性状，促进团粒结构的生成，增加土壤的孔隙度，调节土壤的水气比例，使土壤的三相（固相、液相、气相）比例和理化性状更趋合理，从而提高土壤的保水、保肥能力，改善土壤的通气性能，促进土壤微生物的活动，并使土性变暖。②腐殖质能不断地分解释放二氧化碳和氮、磷、钾、钙、镁、硫等矿质元素，满足植物光合作用、生长发育对二氧化碳和矿质元素的需求外，还能刺激根系的生长发育，促进扎根。③腐殖质在土壤中呈有机胶体状，带有大量的负电荷，能吸附大量的阳离子，如 NH_4^+、K^+、Ca^{2+} 等，提高土壤保肥能力。④腐殖质具有缓冲性，能够调节土壤的酸碱度。土壤溶液处于酸性时，溶液中的氢离子（H^+）可与土壤腐殖质胶体上所吸附的盐基离子进行交换，从而降低土壤溶液的酸度；当土壤溶液处于碱性时，溶液中氢氧根离子（OH^-）又可与胶体上吸附的氢离子（H^+）结合生成水（H_2O），降低土壤溶液的 pH 值。因此在保护地土壤中，增施有机肥料，是减轻其盐渍化的有效途径之一。

有机肥料有多种多样，人畜粪便、作物秸秆、杂草树叶、各种饼肥、沼气液渣、酒糟、醋糟等，都是良好的有机肥料。

在日光温室等设施内栽培施用基肥时，每667平方米土地，可用畜禽粪8～10立方米＋有机生物菌肥或饼肥200千克，结合整地施入土壤内。也可以结合整地，深翻压施切碎的植物秸秆、树叶等，每667平方米土地可翻压500千克左右或鲜草1 500千克左右。为防止植物秸秆发酵分解时夺取土壤中的氮元素，使碳氮比提高，翻压秸草时，每50千克干草中可掺入1～1.5千克碳酸氢铵，翻压后，灌透水，地面见干时再做畦(垄)。

追肥也应以有机肥料为主，一般在幼瓜迅速膨大期追施，特别是冬至前半个月左右，气温、地温都将进入最寒冷时期，为提高地温和保障二氧化碳的供应，一定要在操作行中追施有机肥料，每667平方米温室可一次性追施腐熟粪干500～750千克，或腐熟粪液2 500～3 000千克。

追肥必须严格执行开沟、撒粪、浇水、覆土、盖膜同步进行，完成一行后再进行下一行。严防撒粪以后不能及时浇水、覆土和盖膜，造成氨气挥发，危害作物。追肥的整个操作过程要在晴天上午拉开通风口以后进行，严禁阴天或傍晚时追肥，以免操作过程中挥发的氨气危害作物，和防止增高温室内的空气湿度，诱发病害。

追肥也可以结合浇水进行，每次每沟冲施腐熟畜禽粪5～7千克或腐熟饼肥1～1.5千克，每20～30天冲施1次。

25. 日光温室栽培西葫芦怎样科学施用速效化学肥料?

日光温室西葫芦栽培在施肥上虽然应以有机肥料为主，但是科学地施用适量速效化学肥料，仍然是夺取高产的必要措施之一。施用速效化学肥料时要依据以下原则操作。

(1)根据化肥的性质施肥 比如铵态氮肥的 NH_4^+ 离子易被土壤胶粒吸附，能减少流失，要重点做基肥，可一次性较大量施入，每 667 平方米施 50～70 千克。同时要注意 NH_4^+ 离子易变成氨气（NH_3）挥发，应深施，如果做追肥用，必须事先溶解成水溶液随水冲施。

磷肥中的磷酸根（PO_4^{3-}）离子施入土壤后，接触土壤中的铁（Fe^{3+}）、铝（Al^{3+}）等离子，会被其固定而失效，施用时应和畜禽粪便掺在一起，发酵后分层施入土壤中，以提高其利用率和减少与土壤接触而被固定失效。

钾肥易被土壤溶液溶解，且 K^+ 离子流动性大，易被雨水和灌溉水淋溶而流失，施用时应少量多次，重点做追肥施用。锌肥施入土壤后，遇到磷酸根（PO_4^{3-}）离子，会被固定失效。使用时应单独撒施，严禁与磷肥接触。

(2)根据土壤性质施肥 碱性土施肥应施用生理酸性肥料，如硫酸铵、过磷酸钙、石膏、硫酸亚铁等，这些肥料中的 SO_4^{2-} 离子可降低土壤的 pH 值，起到改碱的作用。酸性土壤可施用硝酸铵、硝酸钙、磷矿粉、石灰、钙镁磷肥等生理碱性肥料，以提高土壤的 pH 值。

(3)根据作物需肥规律施肥 西葫芦根系发达，吸肥能力强，80%以上的需肥量是在坐瓜以后吸收的，因而基肥施用量不宜过大，否则易引起瓜秧徒长，难以坐瓜。坐瓜以后，应加强追肥，随水冲施三元复合肥或喷施叶面肥，能使植株健壮，茎叶发达，以利于坐瓜和促进果实膨大。

(4)根据日光温室的栽培特点施肥 日光温室因其环境封闭、空气流动性差，有害气体容易积累，易发生氨气、二氧化硫（SO_2）等有毒气体危害作物的现象。因此，在施肥上应注意控制速效氮肥的使用量，增大有机肥料的施用量，让其释放二氧化碳，满足作物光合作用对二氧化碳的不断需求。追肥时要注意施肥方法，要撒施一行刨翻一行并随即浇水、覆土、覆膜，做到撒肥、刨翻、浇水、覆膜同步进行，并适当加大通风量。追施化肥时，要把化肥事先溶化成水溶液，随水浇灌，不可撒施、点施干肥和对全温室撒肥，以免造成氨气挥发，引起氨中毒而损伤作物。发生肥害后，用纳米磁能液 2 000 倍液或天达-2116 壮苗专用型 600 倍液进行叶片喷施，效果明显。

26. 日光温室西葫芦如何平衡施肥？

西葫芦果实营养丰富，糖、淀粉、维生素 A、维生素 C 含量亦很高。在种子未成熟时，多采收嫩果做蔬菜。西葫芦因品种不同，产量水平有高有低。有些品种单果重 2～2.5 千克，有些仅有 1～1.5 千克。西葫芦的生长发育与黄瓜大同小异，黄瓜为多次结实，多次采收，而西葫芦多的可结 3～4 个瓜，少的只结 1 个瓜，但其单果重高，一般在 1～2.5 千克。据试验，每生产 1 000 千克西葫芦需氮 5.47 千克，五氧化二磷 2.22 千克，氧化钾 4.09 千克，比黄瓜需肥量多。以每 667 平方米目标产量 7 500 千克计，生产一茬西葫芦约吸收的土壤养分如下：氮 41.04 千克，五氧化二磷 16.65 千克，氧化钾 30.69 千克。为满足西葫芦根系宜在土层深厚的肥沃壤土中栽培的要求，生产中要求分层施肥，每 667 平方米施有机肥 5 000～8 000 千克。这些有机肥可为土壤补充氮 13.7～20 千克，五氧化二磷 19～28 千克，氧化钾 14～21 千克，故尚需补施氮 21.04～27.34 千克，氧化钾 9.69～16.69 千克，而五氧化二磷较为充足。当根瓜采收后，瓜秧已充分发育，幼果陆续形成，此时应补施化肥 6～9 次，每次施硫铵 15～20 千克，硫酸钾 2.5～3 千克，以延缓植株衰老，延长结瓜期，提高经济效益。

27. 日光温室冬春茬西葫芦如何进行根外追肥？

日光温室冬春茬西葫芦由于大部分采用地膜覆盖，故生育期的追肥一般除了随膜下暗灌进行外，也可部分地采用根外追肥。通过根外追肥，既可满足西葫芦旺盛生长的需要，又能及时地补充植株缺乏的某些元素，以提高植株的抗病和抗寒能力，促进早结果和增产。

目前，根外追肥可以分为补充大量元素和补充微量元素两个方面。在大量元素的根外追肥中常用的有 0.2％磷酸二氢钾加 0.2％尿素喷施；还可采用 0.5％三元复合肥喷施；也可采用 0.5％蔗糖加 0.2％尿素喷施。根外追施微量元素，可按说明书要求喷施硼微肥、钛微肥、光合微肥、多元液肥等。需要指出的是，目前根外追肥还存在一定的盲目性，如能结合植株的营养诊断（参阅第 70 问），使用效果会更好。

根外追肥的施用方法及注意事项：根外喷施宜在上午进行。每隔 7～10 天进行 1 次，连续喷施 3～4 次效果最佳。幼苗期及叶片色淡而薄的植株应适当降低浓度。根外喷肥可和农药混合喷用，但要注意合理混用，且随配随用。铵类化肥则不能混用。过磷酸钙、草木灰等要经浸泡后取上部清液稀释后喷施。喷洒鸡粪和兔粪液，粪肥要加水充分发酵 5～6 天，用滤清液进行叶面喷施。

28. 日光温室冬春茬西葫芦如何增施二氧化碳气肥？

通常说的气肥，即指增施二氧化碳，它是绿色植物进行光合作用制造有机物质必不可少的原料之一。冬春茬西葫芦，由于其栽培季节的特殊性，温室内往往由于二氧化碳供应不足而影响产量。在正常的情况下，温室中的二氧化碳主要靠大气供给，如外界气温偏低，温室内和外界的气体交换不及时就会造成二氧化碳缺乏。从另一方面讲，大气中的二氧化碳浓度含量一般为300微升/立方米，西葫芦生产中如果其他条件都能满足，将环境中的二氧化碳浓度提高到600微升/立方米，植株的光合能力就可提高4倍。另据实测，如日光温室西葫芦定植后每天上午追施1000微升/立方米的二氧化碳，连续追肥45天，上市的日期可提前1周，产量也可提高60%。目前，日光温室冬春茬西葫芦栽培时增施二氧化碳气肥，已得到了广大菜农的认可。综合寿光多年来的做法，目前施用气肥的方法主要有以下几种：

(1)大量施用有机肥 在保护地栽培中特别强调多施有机肥。主要是通过有机肥来改善土壤结构，增加土壤肥力，有机肥在发酵分解中释放出二氧化碳，提高了室内的二氧化碳浓度。这种方法尽管简便，但发生量不易人为控制，有效时间过于集中，有时急需时又偏小。

(2)利用强酸和碳酸盐进行化学反应 利用强酸和碳酸盐相互作用产生碳酸。碳酸是一种弱酸，其化学性质极不稳定，甚至在低温的条件下也能分解为二氧化碳和水。

其具体操作是：把工业用硫酸装入非金属的破璃瓶或硬质塑料桶中，先按硫酸和水之比为1∶3进行稀释。稀释时将硫酸慢慢倒入水中，边倒边搅拌。将稀释后的硫酸每667平方米分装10个容器左右，均匀分布吊挂在离地面约1.5米处的温室内。每天将当天用量的碳酸氢铵分成10份，分别倒入装稀硫酸的容器内。待反应结束后，其残渣(主要是硫酸铵)加水50倍稀释，可以做追肥使用。其施用量参照表1。

表1　667平方米温室(相当于1 300立方米)增施二氧化碳用料表

反应物	棚室内二氧化碳浓度达到量(微升/立方米)				
	400	550	850	1050	1300
浓硫酸(千克)	0.275	0.685	1.480	2.040	2.750
碳酸氢铵(千克)	0.465	1.165	2.515	3.470	4.650
浓盐酸(千克)	1.075	2.690	5.825	8.020	10.750
碳酸钙(千克)	0.605	1.520	1.860	4.530	6.050

(3)石灰石(碳酸钙)加盐酸　利用盐酸与石灰石反应可产生氯化钙、二氧化碳和水的原理生产二氧化碳。

盐酸可按1∶1对水稀释,并将石灰石破碎后放入盛盐酸的容器中。须注意的是反应剩余物不能利用,应倒到室外。

(4)增施双微二氧化碳颗粒肥　该气肥属生物工程的发酵产品,它在土壤中通过微生物的有氧降解(呼吸作用)机制,彻底氧化成二氧化碳和水,同时,放出热量,并溶出氮、磷、钾肥素和有机肥素。

施用量:保护地种植一茬西葫芦,需30千克二氧化碳气肥。分3次施,每次施10千克,放出二氧化碳气肥可延续30～40天。30天后,二氧化碳逐渐降到300～500微升/立方米,随即可施第二次。

施用方法:双微二氧化碳颗粒肥分为5克和10克二种。每667平方米设置667个穴,每穴施入2粒气肥(5克的1粒、10克的1粒),施入深度为3厘米,保护地土壤湿度在80%左右,施入后3天开始释放二氧化碳气体。

29. 如何进行日光温室秋延迟西葫芦栽培?如何采用株上保鲜提高西葫芦的经济效益?

日光温室西葫芦秋延迟栽培时正是高温、多雨季节,到了结果中后期气温又急剧下降，这一特殊性气候要求西葫芦栽培时需要一系列特殊技术措施。其栽培技术要点如下。

(1)遮荫育苗 因苗期正值高温雨季，如不加任何措施，其幼苗生长将受到严重影响。山东省寿光市的育苗期一般安排在8月底至9月初，利用遮阳网加上一层小拱棚，可将育苗期提早到7月底或8月初。

(2)适量施足基肥 基肥中要特别注意钾肥和锌肥的施用，每667平方米用硫酸钾不少于20千克，硫酸锌2～3千克。

(3)采用起垄覆盖地膜 采用银灰黑色地膜最好，也可用白色地膜。覆盖地膜可以驱避蚜虫。这是秋冬茬前期管理的关键技术之一。

(4)追肥浇水 在前期高温多雨季节，追肥上要采取“少吃多餐”的原则，浇水一般在清早或晚上进行，避免温度高的中午浇水，西葫芦田若有积水，应立即排水，以保证根系的正常发育。

(5)及时进行中耕除草 从定植后到根瓜采收前正值杂草旺盛生长阶段，此期应中耕几次把杂草清除干净。有条件的地区，也可以施用除草剂。喷用0.15%比久溶液，控制植株徒长，适时浇水以降低地温，保持植株健壮。

(6)保温措施一定要跟上 定植时由于气温高，一般采用棚内露天栽培，外界最低气温低于15℃时，应及时覆膜保温。覆膜初期由于外界气温高，白天的膜仅仅起一个“遮”的作用，应通大风，始终保证温室内的气温不得超过30℃，一般在25℃～28℃。随着气温降低，当外界最低气温达到5℃左右时应加盖草苫保温，以延长西葫芦的采收期，秋冬茬西葫芦如保温得当，可保持到春节拉秧，但由于后期植株衰败，病害较重，瓜条的商品性差，故一般到元旦过后拉秧。

(7)西葫芦株上保鲜提高收益 秋延迟西葫芦幼瓜生长快，不耐贮存，上市集中，价格往往会大起大落。在价格暴跌时，将要采收的西葫芦瓜柄大部分折断，只留小部分与植株相连。这样既不影响上部植株和幼瓜生长，又可较长时间使西葫芦贮存保鲜，品质不变，在价格回升后采收上市。2005 年秋季，寿光市圣城街道刘旺村刘洪利采用这种保鲜方法，600 平方米温室西葫芦多收入 2 500 元。

采用西葫芦株上保鲜应注意以下事项：①折瓜柄宜在中午进行，以便于掌握分寸和利于伤口愈合，减少烂果。②先处理健康无病株，后处理病株，防止病毒等病害传染。③贮存不宜超过 10 天，因为时间过长西葫芦会变老影响品质。

30. 日光温室冬春茬西葫芦栽培有哪些技术环节?

(1)选择品种与合理安排播期 日光温室冬春茬西葫芦的栽培，其结瓜期正是外界气温最低但市场价格也最诱人的时候，所以这茬西葫芦的关键是提高元旦至春节前后西葫芦的产量和质量。西葫芦生长发育适宜的温度是 15℃～28℃，开花结果最适宜的月均温度为 20℃左右，地温低于 10℃其生长就几乎停止。依据这一生理要求，其比较适宜的播期应该安排在 9 月底至 10 月初，考虑到元旦其产量应该是高峰期，故品种还应该是早熟品种。目前，适合北方大部分地区主栽的早熟品种主要有玉帅、冬玉、吉美、早青及各地的地方品种，如一窝猴等。西葫芦从播种到定植需 30 天左右，从定植到采收又需 30 天左右(此期依温度的高低可能有所变化)，翌年的元旦至 2 月初正好进入结果盛期。若是推迟播种，比如 11 月初播种，12 月初定植，2 月底至 3 月初才能迎来结果高峰期。应该注意的是，西葫芦从定植到缓苗需经过几个大晴天温度合适才能缓苗，如定植后正好遇到几个阴雨天，不但缓苗慢，而且苗子弱。因此，在安排定植期时，应有意避开阴雨天。寿光地区理想的播期应该安排在10月初。

(2)定植 日光温室西葫芦在冬春茬栽培时，一定要考虑到其整个生育期间的环境条件，温度低、光照少且易感病，故从播种到采收都应该考虑到这些特殊性。定植方式也是减轻病害、提高产量的重要措施之一。定植前可按80厘米的宽行、60厘米的窄行做成宽80厘米、高20厘米的小高垄，在垄上开成双沟，沟距60厘米，然后将去掉容器的苗子摆入垄上小沟中，每个苗子周围浇上1.5～2升水，然后用土将苗子所处的小沟培成小垄，这样原来的一个大垄就变成了2个小垄，垄上小垄间距一般为50厘米，小垄高15厘米，垄培完后用幅宽1.1米的地膜压严盖好，最好是先铺膜后定植。这样就形成了一个膜下留小沟的定植模式，这一条小沟就为以后膜下暗灌提供了保证，还可减少病害的发生。

(3)温、湿度调控 日光温室冬春茬西葫芦定植时外界气温开始下降，定植后应立刻密封温室提高温度。这时白天的温度可提高到25℃～32℃，夜间提高到15℃～20℃，以利于快速缓苗。缓苗后为防止苗子的徒长，应适当降低温度，白天的温度可控制在22℃～26℃，夜间的温度可控制在12℃～16℃，并注意通风排湿，草苫要早揭晚盖，尽量延长见光时间，此期间只要是定植水浇足，一般不浇水或少浇水。

植株开始坐瓜后，应当适当提高温度，白天为25℃～28℃，夜间为15℃～20℃。此期间若遇低温寡照，温度宜从低掌握，白天可降到22℃～25℃，夜间降到10℃～12℃，以减少植株呼吸作用的消耗。连阴天过后，应以增加光照、提高温度促秧生长为重点。在此期间白天温度最高不得超过30℃，夜间不得低于10℃，昼夜温差不得小于8℃。如是嫁接苗，可允许短时间的6℃低温；若是非嫁接苗只能允许有短时8℃的低温。在光照管理上，应掌握好日出后只要不大幅度降低室内温度，就应揭开草苫多见阳光。

春节前后，正是冬春茬西葫芦上市的黄金时节，这时白天温度以25℃～28℃、夜间以15℃～18℃为宜，中后期要注意随气候转暖及时地调节温度，这时应以保秧防病为重点。随着外界气温的升高，要逐步加大通风量；当外界最低气温稳定在12℃以上时，要昼夜通风。

(4)肥水管理 整地时每667平方米施有机肥8立方米，过磷酸钙80千克，磷酸二铵30千克，硫酸钾30千克。定植时浇足水，缓苗期间一般不浇水，如果定植早、外界条件好时，可从膜下浇1次缓苗水。定植后到根瓜采收前，这一段正是促根控秧时期，一般不浇水。当第一根瓜坐住并开始膨大时开始浇水，每667平方米随浇水施尿素20千克，浇水量为垄高的1/3，因这时外界气温很低，室内通风量小，浇水不宜过勤。浇水后及时密封垄头边的薄膜，以降低室内的湿度。此期的浇水原则一般是每半个月浇1次水。进入结果盛期，外温已升高，通风量逐步加大，植株和瓜条的生长加快，所以浇水次数要勤，一般每7天浇1次，浇水量为垄高的2/3，且每隔1次水施1次肥，每次每667平方米的施用量为尿素20～30千克。此外，还可进行根外追肥，喷0.1%尿素溶液，也可喷0.2%磷酸二氢钾溶液。正常生长的植株，其节间长度不应超过3厘米，否则即视为肥水过大，应进行控制。

(5)植株调整 ①吊蔓。每行棚顶上拉一道南北向铁丝，用绳茎相互缠绕的办法吊蔓。②打叶抹芽。及时打去下部病叶黄叶，抹掉侧芽。③落蔓。当植株长得接近棚顶时，进行落蔓。④防止落花落果。8～9时前采雄花撕下花冠，触到雌蕊柱头上；用25～30毫克/千克2,4-D溶液涂抹雌蕊柱头或花冠。⑤植株调整参阅第15问。

31. 日光温室越冬茬西葫芦如何采用变温控制技术进行温度管理？

日光温室西葫芦栽培，存在着常温、低温、高温3种不同的管理方法。常温管理是采用一般栽培技术要求的温度指标，白天25℃～28℃，最高32℃，夜间14℃～16℃。低温管理白天23℃～25℃，最高28℃，夜间12℃～14℃。高温管理白天30℃～35℃，最高40℃，夜间18℃～20℃。

(1)不同管理条件下的西葫芦生长状况 ①常温管理时的生长状况。常温管理时，植株生长健壮，结果稳定，结果时间长，一般以总产量来保证总产值。在生产量不大，季节性差价不太明显时，适宜于采用这种管理方法。但其缺点是较难控制霜霉病的发生，应注意防治。②低温管理时的生长状况。低温管理是利用保温性能不太好的日光温室栽培时，在低温寡照时期采用的一种适应性的管理方法。在主要环境条件不能完全满足西葫芦正常生长发育时，采取以保全植株为前提，获取一定产量的管理方法。③高温管理时的生长状况。高温管理时，叶片明显变大，结果快而集中，但结果期缩短，植株过早衰败。这种通过集中获取早期产量来获得高产值的方法，适宜于季节差价比较明显的时期。高温管理也能够比较有效地控制霜霉病等病害的发生蔓延，在条件和管理水平可以达到时，值得推广。

(2)常温管理技术 ①缓苗期注意保温。西葫芦定植后要注意提高室内温度，促进早缓苗。草苫应晚揭早盖，白天室内温度超过 32℃时盖苫遮荫。此期要求的白天适温为 25℃～30℃，夜间为 15℃左右。要浇足定植水，覆盖地膜。根据土壤墒情采用膜下暗灌或滴灌的方法浇好缓苗水。②始花期促根控秧。缓苗后以促根控秧为中心，控制地上部生长，促进根系发育。加大昼夜温差，进行变温管理，严格控制灌水量。白天温度超过 30℃时，从温室顶部通小风，随着温度的升高增大通风口；当温度降到 25℃时，缩小通风口；降到 20℃时，关闭通风口。下午气温降到 15℃～18℃时，覆盖草苫，前半夜控制在 15℃～18℃，后半夜控制在 12℃～14℃，早晨揭开草苫前温度应降至 10℃左右，不得低于 8℃。在保证温度的前提下，草苫应尽量早揭晚盖，使植株多见光，一般掌握在晴天上午 8℃～10℃，阴天上午 10℃时揭苫；晴天下午 16℃～17℃，阴天下午 14℃时盖苫。注意上午揭苫时要掌握以室温下降不超过 1℃为宜，若下降幅度太大，则应推迟揭苫时间。③结果期协调营养生长与生殖生长的关系。从根瓜坐住到拔秧为结果期，晴天应尽量早揭草苫，清洁棚膜，使温度尽快上升，超过 30℃时通风；13 时降至 25℃，15 时降至 20℃时，关闭通风口。当室内温度降至 15℃，覆盖草苫后气温可回升 2℃～3℃，这样前半夜可保持在 15℃以上，后半夜降到 13℃以下、10℃以上，早晨揭苫前保持 10℃左右。注意做好施肥、灌水及其他管理工作。

(3)低温管理的技术要点 ①提早进行低温锻炼。植株缓苗后，应当先促后控，促进秧苗健壮，缓苗后的一段时间要以促为主，使根系发达，地上茎叶增粗变大。在此基础上，再促进茎叶稳健生长，使茎变粗变短，叶片变小变厚。在进入冬季以前，不论天气条件如何，都要有意识地降低夜间温度，培育出一个有利于安全越冬的光合能力强的株形。其植株形状应为节间短，一般在3厘米左右；叶片小而厚，直径25厘米左右，叶色浓绿，这样的株形忍受低温能力强，叶片相互遮荫少，光合效率高。②提高植株的净光合率。依据寡照条件下西葫芦的净光合率在23℃时最高的原理，一般晴天白天掌握在23℃～25℃，不超过28℃。在这种温度条件下，相应的肥水管理水平也应低一些，一般15天左右追1次肥，7～10天浇1次水。为了弥补地温低时根系吸收能力差的不足，严冬季节要搞好叶面施肥，并配合使用提高植株抗性的生长调节剂；同时注意防治以细菌性病害为主的多种病害。③抓好变温管理的转折阶段。低温期过后，温度条件对西葫芦生长发育越来越有利，此期首要的任务是调节植株的形态结构和生理功能，适应适温期产量高峰的要求。应注意在冬季低温管理的基础上逐渐提高温度，先转入常温管理，然后再依据市场情况，可继续常温管理，也可转入高温管理。

(4)高温管理需要具备的条件 ①品种的适应性。西葫芦品种间对温度的适应性有较大的差异，可以说大部分品种是忍受不了高温管理的，在管理温度稍高时，就停止结瓜，还会出现植株异常，这类品种的管理温度一般不能长期超过28℃，只能采用常温管理。但是一些耐高温性比较好的西葫芦品种，可较好地适应高温管理。②植株的长势。采用高温管理的植株，必须有一定的生长基础，只有健壮而偏旺盛生长的植株才可以采用高温管理，弱苗和老化苗是无法适应高温管理的。③水肥条件。高温管理必须有大水大肥来做保障，没有高的土壤水分和空气湿度，高温对植株是有害的。必须施足以有机肥为主的基肥，这样不但可减缓大量追施化肥所产生的浓度危害，有机肥还可释放出二氧化碳，满足西葫芦生长的需要，在高的二氧化碳浓度下（不超过二氧化碳饱和点），高温会使西葫芦表现出极好的丰产性，采用二氧化碳施肥法也可收到良好的效果。在施足基肥的基础上，还必须及时追施速效氮肥，追肥应以硝酸铵为主，以提高植株的耐热能力。

另外，还应注意保持棚膜完整、无损伤、透光率高，达到高温、高湿、高光照和高浓度二氧化碳的条件。

(5)不同温度管理之间的过渡 从植株的外部形态来看，可以将其转变看作是植株从开张到收缩，再从收缩到开张，从开张到大开张。但是，不同温度管理之间应该有一个人工控制的过渡过程，这一过程就是调整植株对下一个管理方法或下一个气候阶段的适应。植株的收缩与开张是通过逐步降低或提高管理温度，并采取相应的水肥管理措施来实现的。

32. 日光温室西葫芦严冬栽培怎样管理？

(1)调控温度 西葫芦定植后，白天棚温应保持在25℃～30℃，夜间 18℃～20℃，以促进缓苗。缓苗后温度要适当降低，白天控制在 20℃～26℃，夜间 12℃～15℃，以促进植株健壮生长。结瓜后再适当提高温度，白天保持在 25℃～30℃，夜间 15℃～20℃。加大昼夜温差，以利于营养积累和瓜的膨大。

(2)增加光照 在保持棚内温度的情况下，要早揭晚盖草帘。连阴雨天气要打开日光灯，张挂反光幕，同时喷施光合微肥。

(3)肥水管理 当根瓜长达 10 厘米时浇第一次水，每 667 平方米随水追施复合肥 25 千克。以后每隔 15～20 天浇 1 次水，并结合浇水进行追肥。春节后，随着温度的升高，通气量的增加，植株需肥水增多，可每隔 10 天左右浇 1 次水，并随水每 667 平方米追施复合肥 30 千克左右，或结合浇水追施腐熟的人粪尿、鸡粪等。浇水一般选晴天上午进行，阴天不浇，以防止棚温降低，加重病害。

(4)人工授粉 西葫芦为雌雄异花授粉作物，雌花必须通过昆虫等授粉才能结瓜膨大。在棚室栽培条件下，必须进行人工授粉。其具体方法是：在每天 9～10 时采下当天开放的雄花，去掉花冠，将雄花的花蕊往雌花的柱头上轻轻涂抹，即可完成授粉。每朵雄花可授 5 朵雌花。同时用 20 毫克/千克 2,4-D 溶液涂抹雌花柱头或花柄，可提高坐果率。此外，当植株雌、雄花过多时，应适当疏花，以减少营养消耗，保证植株正常结瓜。

(5)吊蔓整枝 对蔓生性西葫芦，从定植缓苗后，在每行西葫芦的棚室顶部利用棚室的结构材料，沿南北向扯上细铁丝，然后在细铁丝上拴上细塑料绳，下垂至瓜苗，在瓜苗的茎基部系扣固定，以后随瓜蔓生长，把瓜蔓绑在吊绳上即可。当瓜蔓长度接近棚顶时，随着下部瓜的采收要及时落蔓，并摘除下部老叶，以利于防病和透气。此外，棚室西葫芦多采用主蔓结瓜方式，因而要及时除去侧芽，以保证主蔓的生长。

(6)增施气肥 深冬季节，棚温低，通风少，有条件的可进行二氧化碳施肥，其方法是在棚内每 50 平方米设 1 个高 30 厘米、内径为 25 厘米的塑料桶（或瓷缸），内加 1/3 的 1∶3 稀硫酸，然后将碳酸氢铵用纸包好，于晴天 9～10 时投到装稀硫酸的容器内，即可产生二氧化碳气体。具体做法参阅第 28 问。

33. 怎样种植日光温室早春西葫芦？

(1)选用良种 早春西葫芦应选择株型小、节间粗短、瓜码密、早熟丰产、抗病毒病和耐高温的品种。比如，山西省农业科学院蔬菜研究所育成的早青杂交一代品种，株型矮小，开展度为 50～60 厘米，适于密植，每 667 平方米可栽 4 000 株。早熟丰产，定植 25 天后可采收 0.5 千克左右的嫩瓜。一般第四节开始坐瓜，可连续结 3～4 个瓜。瓜长筒形，皮嫩色浅，绿痕白点。老熟瓜 4 千克左右，黄绿色，适于春季早熟栽培。

(2)培育壮苗 3 月上旬拱棚育苗。育苗前用 45℃～40℃温水浸种 30 分钟，捞出放置在 25℃～30℃环境下催芽，待芽长为 0.5 厘米时播入装有营养土的纸袋中或 10～14 厘米见方的营养土方中。苗出土前昼夜保持 25℃～30℃，苗出土后白天保持 20℃～23℃，夜间 10℃～15℃，不能低于 6℃。

(3)整地做垄 因为西葫芦根系较发达，喜欢肥沃土壤，所以冬前深翻，早春施肥整地，每 667 平方米施优质农家肥 5 000 千克，过磷酸钙 40～50 千克，尿素 30～40 千克。做底宽为 70 厘米、高 30 厘米的垄，垄间距为 40 厘米，每垄栽 2 行。

(4)定植 待 4 月下旬晚霜过后定植，株距为 50 厘米，每 667 平方米栽 4 000 株。定植后浇水、封埯。

(5)田间管理 ①定植缓苗后，浇 1 次小水，以促进发棵。注意及时查苗补苗。②结合中耕适时填充定植沟，填平后，盖严地膜。③初花期进行人工授粉。由于西葫芦有先开雌花后开雄花的习性，生产上应采摘一些较早的雄花进行授粉或提前播种授粉株，做好授粉工作。④及时采收根瓜，促棵坐瓜。第一个瓜由于叶面积小，营养差，一般长不大，要及早采收，以防坠蔓。根瓜坐瓜前少浇水，防止徒长，盛瓜期随水施肥 3～4 次。前期喷一遍净 1 500 倍液防治蚜虫。

34. 促使日光温室早春西葫芦早熟的措施有哪些？

西葫芦的早熟栽培是生产者追求的目标之一，因早熟的西葫芦可提早上市，弥补市场供应的短缺，因而可提高经济效益。同样的品种，采取以下措施可促使其早结瓜。

(1)增强光照 西葫芦是既喜强光又耐弱光的作物，以11～12小时的强光最适宜。尤其幼苗期光照充足，可使第一朵雌花提早开放，并能增加雌花的数量。进入盛果期更需要强光。晴天多、光照强，能使收获期提前和提高产量；否则，收获期推迟，产量低。

(2)适当的短日照和低温管理 短日照可促进雌花的发生，但花芽的分化及雌花的生长与温度有关。温度与日照相比，温度是主要条件。在日照为8～10小时的条件下，昼夜温度在15℃～20℃的范围内，第一朵雌花出现的节位和节成性是：温度愈低，日照时数愈短，雌花出现愈早、节成性愈高；否则，结果相反。

关于温度和光照的管理中，应注意：在白天温度为20℃～25℃、夜温为10℃～15℃，日照时间为8小时的条件下，不仅雌花多，而且子房和雌花均比较肥大。但对未受精的花朵来说，日照短于7小时反比长于11小时的坐果少，不过超过18小时的长日照则不会坐果。受精花朵的坐果，则不受日照长短的影响。

(3)生长调节剂的应用 同样的栽培措施，同样的品种，施用生长调节剂类物质，不但能提高坐果率，而且还能提高膨瓜速度，从而促早熟，早上市。据实测，用50～100毫克/千克的2,4-D和7 500～10 000毫克/千克的强力坐瓜灵在西葫芦的花期进行涂抹，不仅能促进西葫芦的早熟，而且能提高坐果率和产量。

因此，在生产上要想让西葫芦早熟，除了选用早熟品种外，在生产上应掌握雌花性别决定前给予短日照，并适当控水控肥，抑制营养生长。性别决定后和雌花开放时，应增加光照强度，适当延长光照时间，并适当加大肥水，也可以采用有把握的生长调节剂以提高产量和熟性。

35. 日光温室西葫芦槽式有机型无土栽培有哪些关键措施？

(1)西葫芦无土栽培设施 ①栽培槽。用砖垒成南北向栽培槽，槽内径48厘米，槽高24厘米，槽距72厘米；也可以直接挖半地下式栽培槽，槽宽48厘米，深12厘米，两边再用砖垒2层。槽内铺一层厚0.1毫米的塑料薄膜，膜两边用最上层的砖压住。膜上铺3厘米厚的洁净河沙，沙上铺一层编织袋，袋上填栽培基质。②栽培基质。有机基质的原料可用玉米秸、菇渣、锯末等，使用前基质先喷湿盖膜堆闷10～15天以灭菌消毒，并加入一定量的沙、炉渣等无机物，1立方米基质中再加入有机无土栽培专用肥2千克、消毒鸡粪10千克，混匀后即可填槽，基质一般3～5年更新1次。③供水设备。用自来水或水位差1.5米以上的蓄水池供水。外管道用金属管，温室内主管道及栽培槽内的滴灌带均用塑料管。槽内铺滴灌带1～2根，并在滴灌带上覆一层厚0.1毫米的窄塑料薄膜，以防止滴灌水外喷。

(2)无土嫁接育苗 ①催芽播种。寿光市在10月上旬将西葫芦与黑籽南瓜种同时浸种催芽，待种子露白后播种。用穴盘无土育苗，按草炭与蛭石的比例为2∶1配好育苗基质，1立方米基质中加入5千克消毒鸡粪和0.5千克蛭石复合肥，混匀后填入50孔吸塑盘。苗盘浇足水后每孔点入1粒种子，上覆蛭石1.5厘米。出苗前温度保持在28℃～30℃，出苗后降温，白天保持在20℃～25℃，夜间在12℃～15℃。②嫁接育苗。砧木与接穗苗子叶展平后即可进行靠接法嫁接，嫁接苗栽入10厘米×10厘米的营养钵(基质配制同穴盘)，钵内浇足水，插拱盖膜，遮光保湿，空气相对湿度90%左右，白天温度为25℃～28℃，夜间为18℃。3天后逐渐见光，5天后撤去覆盖物，10天左右嫁接苗愈合好后接穗断根。昼温保持20℃～25℃，夜温保持12℃～15℃，保持基质湿润。约经30天，幼苗具3叶1心时即可定植。

(3)定植 定植前先将基质翻匀整平，每个栽培槽均进行大水漫灌，使基质充分吸水。水渗后，西葫芦按每槽两行调角扒坑定植，基质略高于苗坨。株距45厘米，每667平方米定植2 500株。栽后轻浇水，使基质与西葫芦的根系密接即可。

(4)栽培管理 ①肥水管理。定植后7～10天浇1次水，以保持基质湿润；坐果后需水量增加，晴天每天上午浇1次水，每次浇20分钟；阴雨雪天可视具体情况少浇或不浇。棚内经常通风，进行气体交换和降低空气湿度，以减轻病害的发生。定植后20天追肥，此后每隔10天追肥1次，每次每株追专用肥10克。坐果后每次每株施25克，肥料要均匀地撒在离根10厘米处，或距根茎部10厘米将肥料埋入基质，随后浇水。冬春季棚内进行二氧化碳气体追肥，可提高植株抗逆性和产量。②温度、光照管理。定植后，棚内白天温度保持20℃～25℃，夜间12℃，防止幼苗徒长。坐果后提高温度，白天为25℃～28℃，夜间为12℃～15℃。若昼温常高于30℃，易形成生理障碍，影响花芽分化，造成高温失水型花叶和病毒病的发生。西葫芦喜光性强，栽培期间要保持正常室温，不过分降低温度，应早揭晚盖草苫，尽量让植株多见光。阴雨雪天应加强管理，只要揭苫后棚温不下降过低，应早揭苫增光；如阴雨天长期不揭苫，易导致叶黄苗弱，影响产量，且天气骤晴后植株易出现生理萎蔫。③植株调整与授粉。苗具 8～9 片叶时吊蔓，使主蔓直立生长。及时摘除侧芽、卷须及病残老叶，以免消耗养分，保持主蔓的正常生长和结果。雌花开后，于 6～9 时摘取雄花进行人工授粉，或用 20～30 毫克/千克的防落素涂抹雌花柱头，以提高坐果率。

(5)采收 西葫芦播种至根瓜采收需 60 余天。待瓜长为 25 厘米左右、径粗 3～4 厘米时即可采收上市。以后要及时采瓜，避免采收过晚导致瓜坠秧而影响产量。

36. 日光温室西葫芦袋式无土栽培包括哪些技术措施？

日光温室西葫芦袋式无土栽培具有以下 5 个优点：①便于控制肥水，节约肥水。②每棵植株的根系都有自己的活动空间，根系舒展。③一旦发生病害，整个植株比较容易清理掉。④所用的基质全部经过消毒灭菌，本身无污染，生产的产品清洁卫生无污染。⑤与非袋式无土栽培相比，空气相对湿度较低，有利于减轻霜霉病、白粉病等病害的发生，特别在冬季病害较轻。

日光温室西葫芦袋式无土栽培的技术措施如下。

(1)基质的准备 ①基质的选择。根据当地的实际情况，可分别选用稻壳、草炭土、珍珠岩、蛭石、水洗沙、煤渣、粉碎的秸秆等。②基质的消毒。一般采用蒸汽消毒法，这种方法无毒无残留，卫生安全，完全达到无公害、绿色食品蔬菜生产的要求。其具体的做法是：将所选的基质堆在一起呈锥形，或用编织袋装好垒放在一起，上面用耐高温篷布覆盖，然后用蒸汽加温消毒灭菌，一般持续 7～8 小时。对水洗沙、煤渣，可用太阳晒的方法消毒。③基质的装袋。选用直径为 30 厘米、长度为 55 厘米的白色、不透光、无公害蔬菜生产专用膜制成的包装袋装经过灭菌处理的基质，按照栽培密度标准放入大棚温室，栽培袋呈南北方向放置。

(2)大棚的消毒灭菌 ①将棚内的地面平整，北面稍高南面稍低，然后盖上一层薄膜，以防止病菌传播和杂草生长。②大棚温室提前扣膜，闭棚提高温度进行消毒灭菌，棚内的温度可达50℃～60℃，一般在晴天的情况下，经7天左右即可达到消毒灭菌的效果。③对大棚内的四角、死角、铁丝、竹竿等容易忽视的地方用石灰水泼洒，用百菌清烟雾剂等进行消毒灭菌。④在南北放置的栽培袋的中间留10厘米的空隙作为排水沟，这个排水沟每米倾斜5～10毫米，以利于过量的水从排水沟排走。

(3)播种育苗 ①播种期。适宜的播种期为8月中下旬至9月上旬。②品种的选择。金蜡烛、金元帅、金榜登黄皮西葫芦品种。③种子处理。将西葫芦的种子在阳光下暴晒几个小时，以加快种子在浸种时的吸水过程，然后将种子放入50℃～60℃的热水中不断搅拌，直到水温降至25℃左右，用手搓掉种子表面的黏液，将水倒掉，再换上25℃的温水浸泡4～6小时。捞出种子放在干净、用水烫过的湿纱布中，置于25℃左右的条件下催芽1～2天，待到有80%的种子露白时即可播种。为了预防西葫芦猝倒病、立枯病、疫病等苗期病害的发生，也可浸泡种子4～6小时后，再用72%普力克浸种30分钟后催芽。④育苗。采用穴盘育苗(3厘米×3厘米)有利于避免土壤传病，基质选用草炭土。将处理过露白的西葫芦种子进行播种育苗，每穴播1粒种子，然后用草炭土覆盖。

(4)定植 适时定植有利于西葫芦的高产，提早产瓜时间，待西葫芦幼苗的第二片真叶完全展开时，是定植的最佳时机。一般在晴天的下午进行。其具体做法：①先用清水把栽培袋灌满，浸泡1～2小时，把里面的基质浸泡透，在距地面10厘米、距栽培袋两端10厘米内侧割一长3厘米的孔，让多余的水从孔中流出，下面保留10厘米的水层。②在栽培袋的顶部中间割长8厘米的十字，取出少量基质。③将幼苗与草炭土一起栽入十字切口的栽培袋中，为提高成活率，减少缓苗时间，注意草炭土略高于栽培袋2厘米，周围用稻壳围好，使苗坨充分与基质接触，防止水分的过度散发，上面再用不透光膜盖好。④立即进行滴灌浇水，防止幼苗失水萎蔫。

(5)定植后管理 ①温度管理。定植后1～2天内，注意观察幼苗是否出现萎蔫现象，如果出现萎蔫，需要进行适当的遮荫，可采取间隔覆盖物的办法，以减弱光照。定植后1周内，白天温度要保持在25℃～30℃，以促进新根的生成，高于30℃时要进行通风和覆盖草苫，夜间保持15℃～18℃。植株开始生长后，加强通风，防止徒长，白天一般保持在25℃左右。进入结瓜期要保持高温，一般白天在28℃～30℃。②肥水管理。前期pH为6左右，滴灌时间由最初的每小时8～12分钟提高到20～25分钟。每隔几次要浇1次清水，防止造成返盐毒害现象。③光照管理与土壤栽培、其他无土栽培相同。④空气湿度管理。特别注意的是，4月下旬后随着气温回升，注意通过喷水增加空气湿度。⑤整蔓。随着植株的生长加快，茎蔓逐渐加长，要及时调整植株的茎蔓，一般拉绳吊蔓。当茎蔓长到30厘米时开始吊蔓，并及时摘除病叶、黄叶。⑥营养液的配制。营养液按表2配制，采用滴灌系统进行水循环式供液。另外，根据实际情况添加铁、锰、铜、锌、硼等微量元素。注意营养液随配随用。

表 2 营养液的配制

名　称	每立方米水用量	水　温	pH
硝　酸	370 毫升	25℃	6.5
尿　素	60 克	25℃	6.5
硝酸钙	408 克	25℃	6.5
硝酸铵	81 克	25℃	6.5
硝酸钾	324 克	25℃	6.5
硫酸镁	279 克	25℃	6.5
硫酸钾	87 克	25℃	6.5
磷　酸	147 毫升	25℃	6.5

37. 日光温室西葫芦套袋栽培包括哪些关键技术？

(1)袋型选择 膜袋可选用 0.001～0.005 毫米厚的聚乙烯转光无滴透气微膜制作的专用袋，膜口预留约 10 毫米宽为绑扎带；纸袋选用柔韧性好、透气性强的食品包装纸或果品套袋专用纸，袋的一端为套入口，另一端有渗水孔。西葫芦袋体长 20～25 厘米，直径 15～16 厘米。一般要求冬季、早春弱光下选用膜袋，春季强光高温下选用纸袋。

(2)套袋时间 因西葫芦生产是连续坐果连续采摘，所以套袋也是连续操作的过程。西葫芦授粉后 1～2 天为最佳套袋期。套袋应选在早晨露水干后到傍晚前进行。

(3)套袋方法 选择果形端正、长势良好的幼果进行套袋，去除病虫果、畸形果。套纸袋时，先将袋体和通气孔撑开，手执袋口下 2～3 厘米处，然后将果袋套在果实上，折全袋口，于丝口上方从连接处撕开将捆扎线沿袋口旋转 1 周，扎紧袋口，捆扎时应注意把幼果放在袋子的中央，使袋体保持宽松状态，以利于果实生长发育。套微膜袋时，先把袋子吹鼓，将果放入袋中央，套口紧贴果柄，左手捏住袋口的一边和果柄，右手把袋口折皱起来，用膜袋预留的绑扎带扎紧袋口。注意套袋时不能捏伤幼果或果柄。

(4)套袋期间用药 尽可能在害虫的低龄阶段和病害的发生初期进行防治，使用低毒、低残留农药和生物农药（如农用链霉素、苏芸金杆菌、阿维菌素等），尤其是要减少内吸性农药的使用次数。严格农药的使用浓度、使用次数和使用方法，特别注意农药安全间隔期。由于棚室里相对密闭，气流交换缓慢，空气相对湿度多接近或处于饱和状态，施药方法及时间与防治效果的关系甚为密切。越冬茬从 9～10 月定植至翌年 3 月前施药时以熏蒸法和喷粉法为主，3 月以后随着温度的升高，棚室通风量不断加大，空气相对湿度不断降低，施药应以喷雾为主。定植后至翌年 4 月以前一般在 12 时以前施药，4 月以后在下午施药效果较好。防治温室白粉虱、斑潜蝇时在上午露水未干时施药效果最好。

(5)套袋前后肥水管理 栽培管理中应强调增施畜禽粪便、堆肥等优质腐熟有机肥，可起到改善土壤结构、保持土壤水分、加速养分分解、增强植株抗性等作用。有机肥分解较慢，一般要求在播种或定植前 20 天施入土中。生产中还应大力推广配方施肥技术，根据土壤肥力、西葫芦产量及吸肥状况，配施磷、钾肥及叶面喷肥等，改善西葫芦品质、弱化套袋对果实品质的某些负效应。控制氮肥用量，改进施用方法，注意深施，施后盖土，使之与空气隔开，减少挥发流失。基肥宜深施，追肥宜沟施或穴施，以充分发挥肥效。

(6)果实采收 套袋西葫芦成熟后应及时采收，若时间过长，会发生坠蔓，影响生长，同时果实品质也会下降。采收时按不同的套袋采取不同的处理方法，套纸袋的果实一次性将袋除去，可在采摘前1天进行。塑膜袋不必除袋，果实带袋采收，可起到保鲜作用，延长货架寿命。

38. 西葫芦应用秸秆生物反应堆和植物疫苗技术包括哪些关键环节？

秸秆生物反应堆和植物疫苗技术应用于西葫芦栽培，如规范操作，平均增产50%以上，增效60%以上，20厘米地温平均提高4℃～6℃，气温提高1℃～2℃，二氧化碳浓度增加4～6倍，光合效率提高50%以上。不施用鸡粪，化肥量减少60%，农药减少80%，综合投资成本下降75%。其生长表现是：主茎变粗，节间缩短，叶片增大变厚，叶色浓绿发亮；"银叶病"显著减少，坐瓜多，瓜条直，化瓜和畸形瓜少；元旦、春节期间下瓜量大，是一项少见的西葫芦栽培好技术。西葫芦栽培内置式反应堆具体做法如下。

(1)操作时间 生物反应堆应在播种或定植前15～20天建造完毕。

(2)秸秆和其他物料用量 每667平方米用秸秆3 000～4 000千克，利用玉米秸、麦秸、棉柴、花生壳、稻草、杂草、树叶等均可。牛、马、羊、兔等食草动物粪便4～5立方米，饼肥100～150千克，严禁施用鸡粪、猪粪、人粪尿等非草食动物粪便。

(3)菌种、疫苗用量 每667平方米用菌种6～8千克、疫苗3～4千克。

(4)菌种和疫苗使用前的处理 使用当天按1千克菌种掺20千克麦麸、18升水，三者拌和均匀，摊薄10厘米放24小时后使用。如当天使用不完，可摊放于阴暗处，厚度10厘米，第二天继续使用。疫苗1千克掺20千克麦麸，18升水，处理方法同上。

(5)内置秸秆生物反应堆的做法 整地后，按大行110厘米、小行80厘米的布局，于小行位置开挖1条与小行长、宽相等的沟，沟深15～20厘米，土壤分放沟两边，开完沟后，填铺秸秆，并在沟的两头使整秸秆露出地面5～8厘米，以便沟内通气，沟下部可填放整秸秆(如玉米秸、棉柴等)，上部填放软质碎秸秆，填铺秸秆厚度30厘米，铺完秸秆后，将拌好的菌种按每沟用量均匀撒施于秸秆上，然后用铁锨拍振一遍，将沟两边的土往秸秆上回填15～20厘米，整形做垄，逐沟进行大水漫灌，使秸秆充分湿透，晾晒1～2天后，起垄找平，按30厘米的行距、20厘米的孔距打孔，孔径2～3厘米(14号钢筋)，孔深以穿透秸秆为准。内置秸秆生物反应堆的制作过程如图1-7所示。

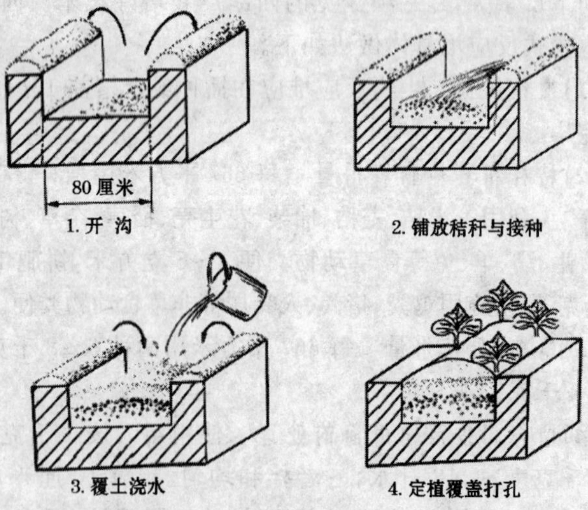

图1-7 内置秸秆生物反应堆制作过程

(6)定植与植物疫苗的使用 定植时在每一个穴内放入1把处理好的疫苗，并与土壤掺匀形成栽植的穴坑，接着放苗，使掺匀的疫苗围住盖严根系，然后覆土每穴浇水1碗，定植后2～3天浇1次大水，最后盖膜打孔，每两棵之间打2个孔，孔距15厘米，孔深以穿透秸秆层为宜。

39. 日光温室冬春茬西葫芦防根结线虫栽培包括哪些技术环节？

冬春茬西葫芦一般在10月下旬至11月上旬播种育苗，11月下旬至12月上旬定植，5月下旬至6月上旬拉秧，或延后至9月下旬，进行全年一大茬栽培。此茬口可能遭受根结线虫侵害较为严重的时期为育苗期、结果前后期，栽培过程中各关键环节要做好预防和防治工作，其关键技术是培育无线虫壮苗，定植前土壤消毒。

(1)选择适宜品种 冬春茬西葫芦应选用植株矮小、结瓜性能好、生育期短、早熟高产、耐低温弱光的品种，如早青一代。

(2)培育无线虫壮苗 ①适时播种育苗期。冬春茬西葫芦栽培的适宜播种期为10月下旬至11月上旬，苗龄30～35天，育苗在温室中进行。②浸种、催芽。先用菌线威2 000～2 500倍液浸种20分钟，用清水继续浸种4～5个小时捞出，再用清水漂洗几遍，除去水面上漂浮的不饱满种子，然后用布包好，甩干水后放在25℃～38℃处催芽，一般2～3天后发芽，以芽长到0.2～0.4厘米时播种为宜。③播种。冬春茬西葫芦栽培多数采用营养钵或营养纸袋育苗。其作用是减少伤根而影响早熟性，促进根系发育和强壮。因为移植伤根后很难恢复。营养土配制：每1 000千克营养土用30%腐熟马粪、20%牛粪、30%炉灰、20%过筛菜园土，再加硝酸铵 3 千克、过磷酸钙 4～6 千克、菌线威 200～400 克充分混匀粉碎。因西葫芦苗子大，茎叶生长快，育苗时营养钵或营养纸袋面积不应小于 10 平方厘米。播种前排列好营养钵或营养纸袋，浇足水，水渗下去后在每个营养钵或营养纸袋中央用木棒点一个直径为 2.5 厘米、深 5～6 厘米的播种孔。将催芽种子平放在营养钵或营养纸袋播入孔内，切忌种子竖立，以免种子带帽出土。最后覆盖一层细土，厚度约为 2 厘米。④苗期管理。播种后保持室温 25℃～30℃，3～4 天即可出苗，4～6 天齐苗，出苗后到第一片真叶展开时，适当降温至 20℃～25℃，夜间保持 10℃～15℃，白天室温超过 25℃时开始放风，以免茎叶徒长影响雌花的发育形成。从第一片真叶展开到定植前 10～15 天，温室应保持适宜的温度，以加快幼苗生长。定植前进行低温管理，白天保持在 15℃～20℃，夜间 8℃～12℃，最低可降至 5℃，以利于秧苗适应日光温室的温度条件。苗期注意控制浇水，一般不是特别需要时不再浇水、施肥，定植前 1～2 天适量浇水，以利于起苗。经过低温锻炼的西葫芦苗子在苗龄 30～35 天时应为 3～4 片叶，株高 10～15 厘米，叶色浓绿肥厚，须根密布于营养钵或营养纸袋。

(3)定植 ①土壤消毒。前茬作物收获后，清洁田园，采用氰氨化钙法将土壤进行一次彻底消毒。其具体做法是：西葫芦定植前每 667 平方米撒施氰氨化钙 75～100 千克，生鸡粪 3 000～4 000 千克，深翻 15～25 厘米，混匀，做畦后灌水达到饱和程度，覆盖透明塑料薄膜，四周要盖紧、盖严。密闭温室，闷棚 20～30 天。闷棚结束后，可根据土壤湿度情况开棚通风 3～5 天，疏松土壤即可栽培西葫芦。土壤消毒应选择在 5 月上旬至 9 月上旬日光温室闲置期进行。②整地。土壤消毒后定植前深翻耙平土壤，每667平方米撒施磷酸二铵30～40千克、硫酸钾40千克、10％福气多颗粒剂3千克。翻耙整平，肥、药、土掺匀，开定植沟或定植穴后再沟施或穴施过磷酸钙30千克、10％福气多颗粒剂2千克，起垄后覆盖地膜。③移栽。冬春茬西葫芦多为叶片小、叶柄短品种，适宜密植，要求行距60厘米，株距50厘米。每667平方米栽苗2000株以上。在垄中央用刀将地膜划成十字口挖穴栽苗，浇足定植水，水渗后及时将地膜口封严。定植时用1.8％阿维菌素1500～2000倍液灌定植穴，每穴灌液100克左右，防止苗坨中残存的根结线虫侵入土壤。

(4)定植后的管理 西葫芦定植后由于叶片大，蒸发快，应及时补充水分，一般定植后3～4天及时浇1次缓苗水，水量不宜过大，以后至根瓜采收前停止浇水，促进根系向纵深发展。缓苗期间室温保持在30℃左右，缓苗后白天室温保持20℃～25℃，超过25℃时注意通风。缓苗后要注意调节营养生长和生殖生长的平衡，加强室内光照管理，可张挂反光幕并注意清扫屋面的草屑、尘土。西葫芦栽培植株生长势较旺，易长侧枝。为了减少养分的消耗，增强植株的通风透光性，促进瓜胎生长，必须及时把侧枝的下部老叶打掉。冬春蜜蜂很少，不利于西葫芦授粉坐瓜，因此必须加强人工辅助授粉。如雄花多，可进行雌雄对花，在雄花少的情况下，可用50毫克/千克2,4-D，在开花的当天上午涂抹花梗部或柱头，药液切勿滴落在茎叶上以免产生药害。当第一条根瓜膨大时，结合浇水667平方米施尿素20～25千克，以后可根据瓜秧长势合理浇水施肥，保持生育平衡。天气转暖前，应及早用杀线剂灌根2～3次，控制根结线虫侵染西葫芦。灌根时可任选下列一种方法。

方法一：1.8%阿维菌素 1 200～1 500 倍液，每株灌液 250 克左右，隔 10～15 天灌 1 次，连灌 2 次。

方法二：菌线威 3 500～4 000 倍液，每株灌液 250 克左右，隔 10～15 天灌 1 次，连灌 2 次；

方法三：50%辛硫磷乳油 1 000 倍液，每株灌液 250 克左右，隔 7～10 天灌 1 次，连灌 3 次。

40. 什么是西葫芦夏秋覆盖纱网遮阳防雨防虫栽培技术？

近年来，寿光不少菜农在夏秋季节日光温室闲置期进行纱网覆盖栽培生产西葫芦，取得了良好的经济效益。该技术包括以下 5 项内容。

(1)品种选择 由于夏秋季节气温高、光照强，特别适合蚜虫的繁殖和迁飞，因此应选择耐高温、抗病毒病、外形美观、生长发育快的短蔓型品种。

(2)播前准备 ①翻地起垄。前茬收获完毕后，及时清除枯枝落叶及杂草，然后用小型旋耕机深翻 2 遍，翻后最好晾晒 1 周左右再耙平土地。起垄前每 667 平方米施优质腐熟厩肥 4 000～5 000 千克、磷酸二铵 20～30 千克，其中 2/3 用于撒施，撒完后再浅翻一遍，其余 1/3 做垄时条施于垄下。垄间距 1.2～1.5 米，垄高 20～30 厘米，耙成龟背形，然后覆盖 90 厘米宽的地膜，将膜贴紧垄背压紧铺平，这样既保墒又不利于杂草的生长。有滴灌条件的提前将滴灌带铺于膜下。②覆盖遮阳网和纱网。不要撤除棚膜，但要撤除温室前窗一幅棚膜，并彻底打开顶部通风口。在棚膜上覆盖一层黑色遮阳网，并在室前窗处和通风口处用 20～22 目的白色或银灰色纱网封严(图 1-8)。这样既能遮荫又能防雨，还能阻止蚜虫、白粉虱等害虫迁入。③种子催芽。将西葫芦种子装入纱网袋中，放入相当于种子体积3倍的55℃～60℃温水中不停搅拌，直至水温降到30℃，再浸泡6～8个小时。捞出后放入1%高锰酸钾液浸泡30分钟，而后将种子洗净。将处理过的种子用透气的湿毛巾包裹放入30℃左右催芽箱中催芽，每天淘洗一遍，一般2～3天约70%种子露白即可播种。

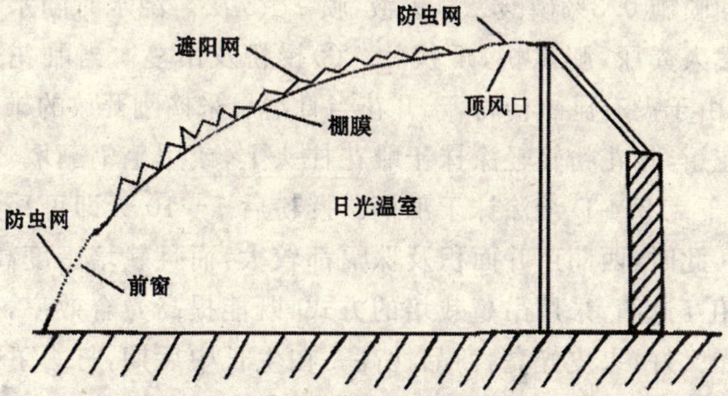

图1-8　西葫芦夏秋遮阳防雨防虫栽培覆盖模式

(3)播种及出苗后管理　①播种。保种前先浇透水，待墒情合适时即可点种，一般多在4月下旬到5月初点种。每垄点双行，将露白的种子按三角形点种，隔埯点双粒。待第一片真叶展平时定苗，每667平方米保苗2 300株左右。②诱导雌花形成。为提早结果，增加产量，一般需进行2次诱导雌花形成。第一次在2叶1心时喷施100毫克/千克乙烯利液，第二次在3叶1心时喷施150毫克/千克乙烯利液。

(4)采收前后田间管理　①温度管理。幼苗出土后，生长迅速，苗期管理重点是以控为主，降低气温和地温，减弱光强，不浇水或少浇水，雌花现蕾后个别品种需及时打杈，保持主蔓结瓜。主要以降温管理为主，除按时覆盖遮阳网外，在异常高热的条件下，适时浇水，可使地面降温1℃～3℃，用清水直喷叶面，可降温1℃左右。同时喷施植物生长调节剂。西葫芦喷洒100～150毫克/千克比久溶液，可提高植株抗热性。8月中旬及时撤去遮阳网，以防止徒长，只留防虫网。②水肥管理。通常以追肥结合叶面喷施效果较好。幼瓜坐稳后，随水追施尿素3～4次，每次每667平方米追施5千克左右，同时叶面喷施0.3%磷酸二氢钾液，喷2～3次。浇水时随水冲施腐熟人粪尿，膨瓜快，瓜秧壮。③授粉及吊蔓。当雌花开放时，由于没有昆虫传粉，于开花当日清晨采摘刚开放的雄花去掉花瓣，将花粉轻轻涂抹于雌花柱头上，或用毛笔蘸取30毫克/千克2,4-D液涂抹于瓜柄。授粉后7～10天即可采摘嫩果。此时，西葫芦叶面积及株幅都较大，而且栽培密度高，叶片相互遮荫，采用吊蔓栽培的方式，既能提高光合效率，果实色泽又好，果皮光亮，商品性高。在生长中后期，打去下部老叶、病叶，保持主蔓结瓜。④采收。当果实长至150克左右时即可采收嫩果，根瓜宜早收。此茬次宜在10月5日前后拉秧，赶种越冬或冬春茬蔬菜。

(5)病虫害防治 夏秋季西葫芦重点防治蚜虫、病毒病、白粉病等病虫害。

三、西葫芦名优品种与栽培要点

41. 保护地栽培中表现比较好的国产西葫芦品种有哪些？其栽培技术要点是什么？

(1)长青1号 山西省农业科学院蔬菜研究所选育。早熟，播种后38天左右可采摘250克以上商品瓜。第一雌花着生在第五至第六节，1株可同时结2～3个瓜，瓜呈长筒形，粗细均匀，美观，商品性好。每 667 平方米产量为 5 000 千克以上。适于各种保护地及春露地栽培。

(2)中葫 1 号 中国农业科学院蔬菜花卉研究所选育。以主蔓结瓜为主，生长势较强，抗逆性较好。早熟性好，坐瓜多，节成性强，前期产量高。瓜形棒状，瓜皮浅绿色。以食用嫩瓜为主，一般采收标准为 150～200 克。品质优良，营养丰富，特别是胡萝卜素及铁的含量高于一般西葫芦品种。适于各类保护地及露地早熟栽培。

(3)东葫 1 号 山西省农业科学院棉花研究所选育。中早熟，植株长势旺盛，叶柄直立，茎秆粗壮，根系发达。在越冬栽培中耐寒性特强，耐低温弱光，坐瓜率高，连续结瓜力强，瓜粗细均匀，颜色翠绿亮丽，长 25～26 厘米，径粗 6～8 厘米，商品性好，生长期长，采收期长达 150～200 天，吊蔓管理单株连续结瓜达 20 个以上，产量特高，每 667 平方米产量为 10 000～15 000 千克，适于日光温室越冬栽培。

(4)早青 1 号 由山西省农业科学院蔬菜研究所育成。植株矮生，叶小茎短，结瓜性好，可同时结 2～3 个瓜。瓜长筒形，嫩瓜皮色浅绿，有少量白色斑点，有棱、肉厚、细致、品质佳。早熟，播种后 45 天即可采收重 250 克以上的嫩瓜。抗病毒能力中等。适宜早春栽培。一般每 667 平方米产量在 5 000 千克以上。

(5)栽培要点 ①栽培方式。早春栽培，在 1 月上旬播种，2 月下旬定植，秋延晚栽培，7 月中下旬育苗，8 月下旬定植。采用大小行种植，大行 80 厘米，小行 50 厘米，株距 45～50 厘米，每 667 平方米栽 2 000～2 300 株。②环境调控。缓苗阶段不通风，密闭以提高温度，促使早生根，早缓苗。白天棚温应保持在 25℃～30℃，夜间在 18℃～20℃，晴天中午棚温超过 30℃时，可利用顶窗少量通风。缓苗后白天棚温控制在 20℃～25℃，夜间在 12℃～15℃，促进植株根系发育，有利于雌花分化和早坐瓜。坐瓜后，白天温度提高至 22℃～26℃，夜间 15℃～18℃，最低不低于 10℃，加大昼夜温差，有利于营养积累和瓜的膨大。温度的调控措施主要是按时揭盖草苫、及时通风等。深冬季节，白天要充分利用阳光增温，夜间增加覆盖保温。清晨揭盖后及时擦净薄膜上的碎草、尘土，以增加透光率。③肥水管理。每 667 平方米施用腐熟优质圈肥 5000～6000 千克、鸡粪 2000～3000 千克、磷酸二铵 50 千克。定植后根据墒情浇 1 次缓苗水，以促进缓苗。缓苗后到根瓜坐住前要控制浇水。当根瓜长达 10 厘米左右时浇 1 次水，并随水每 667 平方米追施磷酸二铵 20 千克或三元复合肥 25 千克。深冬期间，15～20 天浇 1 次水，浇水量不宜过大，并采取膜下浇暗水。每浇 2 次水可追肥 1 次，随水每 667 平方米冲施氮、磷、钾复合肥 10～15 千克，要选择晴天上午浇水，避免在阴雪天前浇水。浇水后在棚温上升到 28℃时，开通风口排湿。2 月中下旬以后，即间隔 10～12 天浇 1 次水，每次随水每 667 平方米追施三元复合肥 15 千克或腐熟人粪尿、鸡粪 300 千克。植株生长后期叶面可喷洒光合微肥、叶面宝等。④植株调整。实行吊蔓以利于通风透光，用细绳一端系在植株茎部，一端固定在棚架上，将植株第一个瓜以下的侧枝全部摘除。每株保留 2 片叶左右、1 条瓜即可。盛瓜期过后及时打除老叶、病叶，主蔓摘心后培养侧枝。开花期进行人工授粉，9～10 时摘取当日开放的雄花，去掉花冠，在雌花柱头上轻轻涂抹。还可用 30～40 毫克/千克防落素等溶液涂抹初开的雌花花柄。

42. 保护地栽培中表现比较好的进口西葫芦品种有哪些？其栽培技术要点是什么？

(1)冬玉 从法国新引进的杂交一代中早熟品种，高产，无限生长型，瓜藤粗壮有力，叶片肥厚，叶秆粗直，叶片中等大小，坐果率高，成果率亦高，一叶一瓜，甚至一叶多瓜。抗弱光抗低温能力极强，抗病性极强，在同等条件下，不生白粉病，生长势旺。膨瓜速度快，瓜条顺直，呈长棒状，表皮浅绿色，颜色亮泽有光，比同类品种要好看。瓜长 25～28 厘米，直径达到 5～6 厘米，生长期长达 240 天左右，平均每 667 平方米产量达 15 000 千克以上。为日光温室越冬茬栽培专用品种。

(2)百利 法国 TEZIER 公司专门为中国市场培育的耐寒越冬型高产优质新品种。耐寒，瓜条长，颜色好，产量高。其植株长势旺盛，整齐度好，坐瓜多，瓜长 22～24 厘米，径粗 6 厘米，平均单瓜重 350 克。瓜呈圆柱形，表皮浅绿色，光泽亮丽，易运输、耐存放，商品性好，品质佳。植株叶片中等大小，中绿色，节间短，茎秆粗壮，长秧和膨瓜协调，容易管理。抗病抗逆能力强，每株可采果 30 个以上。适宜越冬和早春保护地栽培。

(3)斯卡万 从美国引进的品种。早熟，成熟期 40～45 天。植株生长旺盛，第一朵雌花着生在第五至第七节，1 株可同时结 2～3 个瓜。瓜条呈棒状形，瓜条均匀，长度适中，长 20～25 厘米，商品性好。每 667 平方米产量为 5 000 千克以上。抗病性强。特耐低温。适于各种保护地越冬栽培。

(4)玉秀 从美国引入的早熟杂交品种。成熟期 45 天。植株生长旺盛，瓜皮淡绿色，瓜条匀称，呈棒状，表皮光滑，连续结瓜能力强，前期产量高。适宜温室和露地早春种植。

(5)栽培要点　①栽培方式。秋延迟栽培，7月中旬育苗，8月下旬定植。越冬栽培，9月下旬至10月上旬育苗，11月上旬定植。早春栽培，12月下旬至翌年1月下旬育苗，1月下旬至2月下旬定植。起垄栽培，做成畦宽1.2厘米、垄高15～20厘米的畦。行株距50厘米×50厘米。每667平方米栽2 000株左右。②环境调控。前期日温25℃～28℃，夜温12℃左右。发棵后日温25℃左右，夜温不低于10℃。开花授粉期日温20℃～25℃，夜温15℃左右。冬季或早春可采用反光幕等增光措施。③肥水管理。施足基肥。每667平方米施腐熟农家肥5 000千克，草炭100千克，将有机肥充分混合均匀，每667平方米施过磷酸钙100千克，尿素15千克。浇足定植水后，到根瓜采收前4～5天浇水施肥，每667平方米顺水施入三元复合肥20千克，当第二条瓜膨大时，进行第二次追肥，每667平方米冲施腐熟鸡粪500千克。进入结果盛期一般7～10天浇水1次，隔1次水施1次肥，每667平方米施复合肥10～15千克，前期注意防止徒长，后期注意果实坠秧。④植株调整。根瓜采收后，用塑料绳吊蔓，并及时摘除侧芽、卷须和病残老叶，以利于通风和减少养分消耗。人工授粉与激素处理。6～9时摘取雄花，将花药轻轻地涂雌花柱头，1朵雄花可供2～3朵雌花授粉。也可用20～30毫克/千克防落素涂抹瓜柄和柱头。

43. 保护地栽培中表现比较好的黄皮西葫芦品种有哪些？其栽培技术要点是什么？

(1)金榜　最新育成的金榜F1杂种一代西葫芦品种。其双亲分别来自于美国和韩国。植株为短蔓矮生型，适于棚室、日光温室密植栽培。早熟，播种后45天左右可采收嫩果上市。开雌花后7～10天嫩果重250～500克即可采收。果实长棒形，实心，皮色金黄、鲜艳、美观，果肉细、脆嫩，品质风味极佳，可生食（凉拌）、做沙拉或炒食。单株结果可达6～10个。株产3～5千克。每667平方米产量4000千克以上。综合性状优于进口品种。

(2)金元帅 从美国思地沃集团引进的杂交一代西葫芦种。早熟品种，成熟期46～52天。植株长势旺，坐瓜能力强。瓜圆柱形，长18～22厘米，瓜皮金黄色，有蜡质光泽及微棱，瓜肉白嫩，品质佳。

(3)金蜡烛 美国加利福尼亚皮托种子有限公司培育的金黄色果皮西葫芦，杂种一代。早熟，从种植至初收53天，果实直而整齐，长圆筒形，上有微突起的浅棱，果皮非常光滑如蜡，金黄色，果柄五棱形，浓绿色，果肉柔嫩，奶白色，商品果长18～20厘米。植株直立、矮生，主蔓生长粗壮，叶开张，容易采收，品质风味好。

(4)金珊瑚 瑞士先正达种子有限公司育成的杂交一代品种。该品种早熟，丰产，果实为金黄色，瓜条直，圆柱形，果柄绿色，果实长达25厘米，直径5厘米，单瓜重400克左右，株型直立，节间短，每667平方米产量可达7000千克，适合于保护地和露地栽培。

(5)吉美 引种自我国台湾农友公司。属矮生品种类型。该品种茎蔓粗壮，节间短，蔓长1米左右。一般在播种后1个月左右即开始结果，属于特早熟类型。结果多，嫩果果皮金黄色，艳丽醒目，果形为短棍棒状，单果重200克左右。果肉白色、脆嫩、细腻。属于外形美、品质好的优质西葫芦品种。

(6)栽培要点 ①栽培方式。越冬栽培，9月下旬至10月上旬育苗，11月上旬定植。在定植垄上按45厘米左右的株距三角形定植，每667平方米定植2 200株左右。②环境调控。定植后以保温缓苗为主，以利于前期产量形成，白天温度保持在25℃～30℃，夜间在15℃～18℃。缓苗后适当降温，白天20℃～25℃，温度超过25℃应及时通风降温，20℃左右关闭风口，夜间温度保持在15℃左右。③肥水管理。定植后视苗生长状况，及时浇1次缓苗水，结合浇水，每667平方米可追施尿素10千克，促进植株生长。缓苗后适当蹲苗，当幼瓜长到10厘米左右开始浇水追肥，以后根据采瓜量及秧苗长势适时浇水施肥，既应防止水大肥足引起秧苗疯长，又要防止因缺水导致果实生长缓慢，影响产量和品质。结瓜期一般每5～7天浇水1次，冬春茬或阴雨天可适当延长浇水间隔期，一般早上浇水，室内温度过高也可中午浇1次跑马水，防止温室温度过高抑制瓜苗生长。④植株调整。及时打掉侧枝、卷须，待瓜蔓伸长15厘米左右整枝吊蔓。进行人工授粉，授粉一般于9～10时进行，将雄花摘下，向雌花柱头上轻轻涂抹即可，每朵雄花可授2～3朵雌花。晴天温室内温度高、花粉多，否则花粉少。给雌花授粉也可用2,4-D 25～30毫克/千克涂抹花梗和柱头，以达到授粉目的。

44. 保护地栽培中表现比较好的黑皮西葫芦品种有哪些？其栽培技术要点是什么？

(1)黑美丽　中国农业科学院蔬菜花卉研究所育成的由国外引进的优良早熟杂种一代。植株矮生，长势较旺，喜肥水，以主蔓结瓜为主。第一朵雌花出现在主蔓第七节左右，节成性好，以后基本每节有瓜。该品种外形美观，瓜形长棒状，粗细均匀；瓜皮墨绿色，有光泽；品质好，营养丰富，以食用150～500克的嫩瓜为主，可作为特菜供应市场。抗逆性及抗病性较好，能较好地适应低温弱光环境。定植后25天左右即可采收嫩瓜，保护地栽培，产量在5 000千克以上。每667平方米用种量120～150克。适于我国各地日光温室、大中小棚及露地早熟栽培。病毒病较轻的地区也可秋季栽培。

(2)星光1号 由沈阳星光种业有限公司育成。植株丛生，不爬蔓，节间短，瓜码密。瓜形长棒状，粗细均匀，瓜皮墨绿色。极早熟，播种后40天可采收商品瓜；产量高，每667平方米产量5 000千克以上。抗病性好，耐寒性强。适宜保护地栽培。

(3)栽培要点 ①栽培方式。1月下旬至2月上旬播种。1月中下旬到2月上旬定植。采取大小行定植，大行距80厘米，小行距60厘米，株距60厘米，每667平方米栽植1 600株。②环境调控。定植后3～5天，白天温度保持在25℃～30℃，夜间保持在14℃～15℃；缓苗后防止徒长，要适当降低温度，一般白天在20℃～25℃，夜间在10℃～13℃。进入开花结果期，温度管理较关键，白天适宜温度为19℃～22℃，夜间为10℃～12℃，高于25℃或低于7℃瓜生长缓慢，并易化瓜。在严冬季节要加强防寒保温管理，防止低温寒害，保证正常生长，才可获得较高的产量。早春季节随外界气温的回升，管理上要注意通风降温。当外界气温稳定在10℃以上时，应昼夜放风。③肥水管理。定植前每667平方米撒施优质农家肥5 000千克、过磷酸钙40千克、硫酸钾20千克做基肥。为防止徒长，在浇足定植水的条件下，开花前一般不浇水，进入结果期时要保持土壤湿润，第一次浇水在瓜长8～12厘米时顺水每667平方米追施尿素15～20千克。寒冷季节要减少浇水次数以防止地温下降，一般10～15天浇1次水，如地下水位高，土壤墒情好，浇水间隔时间要延长。春季天气变暖，每隔 4～5 天浇 1 次水，隔 1 次水追 1 次肥，每 667 平方米追施硫酸铵 20～25 千克。首先将化肥溶化为水溶液，按畦计算用量，顺水施入，防止施肥不均，引起部分植株徒长和化瓜。④植株调整。定植后，当植株具有 7～10 片叶时，将塑料编织绳等绳状物拴在茎蔓基部，上端拴在专为吊蔓扯拉的铁丝或温室的棚架上。在植株生长过程中不断地将吊绳与茎蔓缠绕起来，也可以用绳状物将吊绳与茎蔓分段绑在一起。随着植株的生长，一般在瓜下部留功能叶 6～7 片，对失去功能的老化叶片用刀割掉，叶柄留 2～3 厘米。茎基部发生侧枝时要及时摘掉。实行人工授粉以保花保果。人工授粉应在开花当天 6～7 时进行。

45. 飞碟瓜有什么特点？其栽培技术要点是什么？

(1)特征特性 飞碟瓜原产于美洲，属葫芦科 1 年生草本蔬菜植物。雌雄同株，异花授粉。花黄色，呈喇叭状。阔叶五裂，叶柄多棱，有细刺。瓜多扁平，边缘有齿状突起；瓜形多似菜碟，有的像飞轮，有的像皇冠，极为奇特，故名飞碟瓜，国外也有的称扇贝瓜。瓜色因品种不同而异，多为绿色、黄色、乳白或微绿色。肉质细密、脆嫩。瓜老熟和嫩食均可，嫩瓜不用剥皮可直接食用，生食、凉拌、炒菜、做汤、做馅皆可，食味鲜美。有一定的食疗保健功能。

(2)栽培要点 ①整地施肥。每 667 平方米施腐熟优质有机肥 5 000～7 000 千克，氮磷钾三元复合肥 100 千克，腐熟豆饼 150 千克。深翻 20～30 厘米，然后搂平整细。②种植规格。当苗子长到 4～5 片叶时定植，时间约在 11 月中下旬。按大行距 90 厘米、小行距 60 厘米规格做畦，然后在畦内开 10～15 厘米宽的沟，浇足底墒水，把苗子按株距 50～60 厘米栽入沟内，待水渗下后，将沟起成高 25 厘米左右的垄，注意土不能埋嫁接处，以免诱导形成根系而失去嫁接的意义。定植后盖膜于两垄飞碟瓜上，并用刀片东西向划小口子，将苗子引出膜外，露出嫁接夹，膜两边拉紧压平。③管理。在缓苗期，应控制较高的温度以利于缓苗。要求白天保持在 20℃～30℃，夜间 15℃～20℃。缓苗后适当降低温度以利于雌花分化，白天控制在 20℃～28℃，夜间 13℃～15℃为宜。中期突出抓好人工授粉和激素的应用，以提高坐瓜率。在营养生长过旺而徒长时，可用比久或多效唑控制，其做法同西葫芦。后期植株逐渐衰老，可进行根外追肥，以延长结瓜时间和提高产量。第一个瓜(根瓜)长不大，又影响生长，应结合采食嫩瓜及早摘除，肥水管理可参照西葫芦进行。

四、西葫芦病虫害防治

46. 如何识别和防治西葫芦蔓枯病?

【症　状】　西葫芦蔓枯病主要危害茎蔓和叶片，果实也可受害，发病初期在茎基部附近产生水渍状长圆形斑点，后向上向下扩展成长椭圆形黄褐色病斑，当病斑横向绕茎一周，病斑以上部分植株即枯死；若茎基部与叶柄分生处受害，常使叶柄感病。湿度大时病斑腐烂，干燥时病斑呈灰褐色，上生许多小黑点，皮层纵裂。叶片受害先从叶缘开始，向叶内形成"V"字形黑褐色病斑，后期溃烂。果实受害，先在嫩瓜瓜条中部皮层发生水渍状圆点，后向瓜内部发展，引起瓜内软腐，瓜皮呈黄褐色水渍状。

【发病条件】　病菌主要以分生孢子器或子囊壳随病残体

存活于土壤中或架材上，种子也可带菌。条件适宜时通过浇水、露水传播，从伤口、自然孔口侵入，引起发病。当温度为18℃～25℃，空气相对湿度为80%以上，土壤持水量过大时发病严重，特别是开始采瓜、摘老叶造成大伤口后，日光温室内通风不良时更易发病。

【防治方法】 ①室内加强通风透光，降低湿度。②用50%多菌灵可湿性粉剂1 000倍液浸种35分钟进行种子消毒，或用相当于种子重量0.15%的多菌灵可湿性粉剂拌种。③每平方米用50%多菌灵可湿性粉剂8克进行床土消毒。④加强肥水管理，基肥中增加过磷酸钙和钾肥。结瓜前浇水，浇水后及时中耕，盛瓜期浇1次水，施1次肥，防止早衰，增强抗寒力。⑤发现病株要及时拔除，收获后清洁田间，清除病残体。⑥温室及大棚在定植前要进行消毒，可用福尔马林对等量水加热熏蒸。⑦防治西葫芦蔓枯病最理想的药剂为60%琥·乙磷铝或70%甲基托布津，其次为75%百菌清。从定植到根瓜坐住至根瓜采收后15天，各灌药液1次，是预防西葫芦蔓枯病发生危害的主要方法，可直接杀死土壤中的病原菌，降低病原基数，明显优于药液喷洒。通过药液3次灌根，可有效控制植株发病；即使发病，但病情发展缓慢，对产量、品质影响较小。另外，对于药液喷洒的植株发病后，一旦遇到适温、高湿条件，病情蔓延迅速，要在病斑处涂抹2次高浓度药液，能有效降低原病斑的复发率。

47. 如何识别和防治西葫芦白粉病？

【症 状】 发病初期在叶面或叶背及幼茎上产生白色近圆形小粉斑，叶正面多，其后向四周扩展成边缘不明晰的连片白粉，严重时整个叶片布满白粉。发病后期，白色霉斑因菌丝老熟变为灰色，在病斑上生出成堆的黄褐色小粒点，后小粒点变黑。

【发病条件】 白粉病在10℃～25℃均可发生，雨后干燥，或少雨或田间湿度大，白粉病流行速度加快。高温干旱与高湿条件交替出现是白粉病流行的条件。

【防治方法】 选用抗病品种，如早青1代；生态防治，加强肥水管理，尤其是应加强湿度的管理，切忌空气湿度干湿交替出现；药剂防治，发病初期喷洒20％三唑酮（粉锈宁）乳油2 000倍液，或农抗120水剂200倍液，或50％硫黄悬乳剂250倍液，或27％高脂膜乳剂80～100倍液。

48. 如何识别和防治西葫芦绵腐病？

【症　状】 西葫芦的绵腐病为真菌性病害，主要危害果实。有时也危害叶、茎及其他部位。果实发病呈椭圆形、水浸状的暗绿色病斑。在干燥的条件下，病斑稍凹陷，扩展不快，仅皮下果肉变褐腐烂，表面生白霉。湿度大、气温高时，病斑迅速扩展，整个果实变褐软腐，表面布满白色霉层，致使瓜烂在田间。叶上初生暗绿色、圆形或不整形水浸状病斑，湿度大时病斑呈开水煮过状。

【发病条件】 病菌主要分布在表土层中，借雨水或灌溉水传播。雨后或湿度大时，病菌迅速增加，土温低、高湿利于发病。

【防治方法】 ①生态防治。采用高垄栽培，提倡膜下浇水，避免大水漫灌。阴雨天也应注意排湿。露地栽培时，大雨过后注意排水，必要时可以把瓜垫起。②生物防治。种西葫芦的土壤可以喷施“5406”3号菌剂600倍液，使土壤中抗生菌大量生成，占优势后可抑制病原菌的生长，从而达到防病目的。③药剂防治。发病初期可以喷洒14%络氨铜水剂300倍液，隔10天喷1次，连喷2～3次。

49. 如何识别和防治西葫芦灰霉病?

【症　状】 西葫芦灰霉病为真菌性病害，主要危害西葫芦的花、幼果、叶、茎或较大的果实。花和幼果的顶部初为水浸状，逐渐软化，表面密生绿色霉，致使果实萎缩、腐烂，有时长出黑色菌核。

【发病条件】 此病在低温、高湿(相对湿度高于94%时)以及植株衰弱的情况下易发生。

【防治方法】 ①生态防治。采用生态防治，推广膜下暗灌技术。生长前期及发病后适当控制浇水，适时晚通风，将棚温提高到33℃，以抑制孢子的生长。同时，降低湿度，减少棚顶及叶面结露和叶缘吐水。加强棚室管理。苗期、果实膨大期及时摘除病叶、病花及黄叶，保持棚室干净，通风透光。②药剂防治。发病初期可采用烟雾法或粉尘法防治：每667平方米每次用10%速克灵烟剂200～250克，或每667平方米每次用45%百菌清烟剂250克熏3～4小时；于傍晚喷撒10%杀毒灵粉尘剂或5%百菌清粉尘剂，每667平方米喷1千克，隔7～10天喷1次，连喷3次。发病初期也可喷施50%速克灵可湿性粉剂2 000倍液，或50%扑海因可湿性粉剂1 000～1 500倍液。上述杀菌剂的预防效果大于治疗效果，所以应以预防为主。

50. 如何识别和防治西葫芦菌核病?

【症　状】 西葫芦菌核病属真菌性病害，主要危害果实及茎蔓。果实得病残花部先呈水浸状腐烂，后长出白色菌丝，菌丝上散生鼠粪状黑色菌核。茎蔓染病，初呈水浸状，病部变褐，后也长出白色菌丝和黑色菌核。病部以上叶、蔓枯死。

【发病条件】 该病在空气相对湿度为85%以上、温度在15℃～20℃的条件下易发病，即低温、湿度大时利于该病的发生。

【防治方法】 ①农业防治。上茬作物收获后及时深翻，深度要求达 20 厘米，将菌核埋入深层。②物理防治。播种前可用 10%的食盐水漂种 2～3 次，除去菌核。也可采用高垄覆膜栽培抑制病菌出土，减少病原。种子和土壤消毒。播种前用 55℃的温水烫种 10 分钟即可将种子中混入的菌核杀死。也可对土壤进行处理，用 50%多菌灵配成药土，每 667 平方米用药 2 千克加细土 20 千克拌匀。③生态防治。棚室内上午以闷棚提温为主，下午及时排湿，空气相对湿度应控制在 65%以下，防止浇水过量。④药剂防治。发生该病后，可采用 10%速克灵烟剂或 45%百菌清烟剂熏 1 个晚上，每 667 平方米每次用药 250 克，隔 10 天喷 1 次，连喷 3 次。也可采用 50%速克灵可湿性粉剂 1 500 倍液，或 50%扑海因 1 000 倍液在花期喷施，7 天左右喷 1 次，连喷 3 次，效果很好。另外，用上述药剂对水 50 倍涂抹在瓜蔓病部，也有很好的治疗作用。

51. 如何识别和防治西葫芦黑星病?

【症　状】 西葫芦黑星病属真菌性病害，主要危害叶、茎及果实。发病初期，幼叶初期出现水浸状污点，后扩大为褐色或黑色斑点，易穿孔。茎上出现椭圆形或纵长凹陷黑斑，中部易龟裂。幼果初期发生暗绿色凹陷斑，后发育受阻成畸形果。果实病斑多疮痂状，有的烂成孔洞，病部分泌出半透明胶质物，后变成琥珀色块状。湿度大时，上述各部表现出煤色霉层。

【发病条件】 气温为 20℃左右、空气相对湿度为 90%以上时，有利于该病的发生。

【防治方法】 ①选用无病种子，最好能做到从无黑星病的植株上收获种子。也可以用55℃的温水烫种15分钟，或用0.3%的50%多菌灵可湿性粉剂拌种。②生态防治。应大力推广地膜覆盖和膜下灌水技术，也可在定植前对棚室进行熏蒸消毒，每55立方米的空间用硫黄粉0.13千克、锯末0.25千克混合后分放数处，点燃后密闭棚室1天。③药剂防治。在发病初期用粉尘剂或烟雾法喷施10%多百粉尘剂，每667平方米每次1千克，或喷施45%百菌清烟剂，每667平方米每次喷200～250克，连续喷3～4次。也可在发病初期用50%多菌灵可湿性粉剂800倍液加70%代森锰锌可湿性粉剂300倍液喷洒。也可用75%百菌清可湿性粉剂600倍液、50%苯菌灵可湿性粉剂1 500倍液、80%敌菌丹可湿性粉剂500倍液进行喷施，效果都比较理想。此病属检疫对象，一经发现，应立刻防治，以防止蔓延。

52. 如何识别和防治西葫芦褐斑病？

【症　状】 该病主要发生在叶片上，自下而上发病，病斑圆形，中间黄白色，边缘黄褐色。叶面病斑稍隆起，表面粗糙，叶背面水渍状，有褪绿晕圈。

【发病条件】 病菌在种子上或病残体上存活，随气流和浇水传播。高温、高湿造成病害流行。

【防治方法】 ①种子消毒处理。用55℃温水浸种15分钟，加强通风散湿。②药剂防治。可用75%百菌清600倍液，或50%扑海因1 000倍液，或50%倍得利500倍液喷洒，每7天喷1次，连喷2～3次。阴雨天可用40%百菌清烟剂熏蒸或用5%百菌清粉尘剂喷撒。③西葫芦褐斑病与霜霉病容易混合发生，而且二者又往往难以区分辨别，用药剂防治时最好混入防治霜霉病的适量药剂。

53. 西葫芦霜霉病和细菌性角斑病混生时如何科学防治？如何快速鉴定霜霉病？

棚室西葫芦生产常发生霜霉病，有时还混生细菌性角斑病。由于药剂防治的最好时机都在发病初期，但此时这两种病害的初生小病斑很难辨认，往往会造成混淆和误判，致使病害未能确认前造成盲目用药，如等到病害症状确认后再进行药防，最佳防治时机早已错过。幸好有些农药能兼治这两种混生病害。当在以前棚室中曾有这两种病混生危害，在该地区已有两种病混生流行信息时，在确认霜霉病时又混生角斑病的疑似症状情况下，都应适时采用药剂兼治方式。现将可应用农药中的单剂、混剂和混药，分农药种类和施用浓度介绍如下。

(1)单剂 可用50%代森铵水剂1000倍液，或53.8%可杀得（氢氧化铜）干悬浮剂900～1100倍液，或80%乙磷铝可湿性粉剂500倍液，30%琥胶肥酸铜(DT)胶悬剂500倍液，或12%绿乳铜乳油600～1000倍液，或57.6%冠菌清干粒剂1000～1200倍液，或20%松脂酸铜乳油1000倍液，或30%碱式硫酸铜悬浮剂350～500倍液进行防治。

(2)混剂 可用60%百菌通（琥·乙磷铝）可湿性粉剂500倍液，或50%甲霜铜（甲霜灵＋琥胶肥酸铜）可湿性粉剂600倍液，或60%疫甲铜（乙磷铝＋甲霜灵＋琥铜）可湿性粉剂600倍液，或47%加瑞农（氧氯化铜＋春雷霉素）可湿性粉剂800倍液，或78%科博（波尔多液＋代森锰锌）可湿性粉剂500倍液进行防治。

(3)混药 可用40%乙磷铝可湿性粉剂250倍+50%琥胶肥酸铜可湿性粉剂500倍的混配药液(凡混配药液都是各药保持各自浓度,下述同),或40%乙磷铝可湿性粉剂250倍+100万单位硫酸链霉素6 500倍的混配药液,或25%甲霜灵可湿性粉剂1 000倍+50%琥胶肥酸铜可湿性粉剂500倍的混配药液,或25%甲霜灵可湿性粉剂1 000倍+86.2%氧化亚铜(铜大师)1 000倍的混配药液进行防治。

(4)快速鉴定霜霉病 由于西葫芦品种的抗病性不同,以及所处的环境条件不同,霜霉病的症状往往出现多样性。如有时整个叶片布满许多黄色的角斑,而没有黑霉;有时叶片出现一些多角形的圆斑而在叶片的背面看不到黑色的霉层等。霜霉病症状的复杂性加大了识别病害的难度,只有快速识别才能抓住时机,对症下药。其具体方法如下:将病叶采下放在1个杯子中,放一点水增加湿度,将杯子口封严,在20℃左右的条件下保湿,大约经过1个晚上,如果叶片的背面有黑色的霉层出现,即可证明是霜霉病;如果出现了一些黏稠的液体,则西葫芦得的是角斑病;如果病斑上隐隐约约出现一些小的黄色黏稠物,则是由炭疽病引起。

54. 如何识别与防治西葫芦细菌性叶枯病?

【症　状】 西葫芦细菌性叶枯病有两种类型:一种是叶缘失绿干枯型,另一种是叶脉网状干枯型。第一种症状在发病初期表现为水浸状小褪绿斑,1～2天后迅速扩大成片,最后干枯。第二种症状在发病初期表现为网状叶脉发白,以后扩大至侧脉变白,最后引发叶片干枯。叶背不易见到菌脓出现,这是区别于细菌性角斑病和细菌性叶枯病的主要特征。

【发病条件】 西葫芦细菌性叶枯病病原菌主要靠种子带

菌远距离传播。田间发病后，通过浇水灌溉和人工操作传染蔓延。空气湿度大时，该病蔓延快、发病重；日光温室比露地发病重。

【防治方法】 ①选用无病菌种子。应采用通过植物检疫的无病原菌的种子，这是防止细菌性叶枯病传入无病区的关键一环。②选用抗耐病品种。叶色淡的品种抗病性强，而叶色绿的品种抗性较差。③培育壮苗。采用营养土护根育苗法培育壮苗，增强其对细菌性叶枯病的抗性。④平衡配方施肥。定植前，应根据产量水平施足农家肥，平衡施入速效化肥，使大、中、微量元素达到平衡摄取供给的目的。这样既可使西葫芦生长健壮，又可避免因施肥不均引发的缺素症，而导致细菌性叶枯病的发生。⑤生态防治。采取四段管理法，控制棚室内的空气相对湿度，使其最大湿度不超过 80%，不能满足病害所需要的条件。⑥药剂防治。西葫芦细菌性叶枯病病害是否成灾，最主要的一条是能否抓住防治的最佳时期，即及时发现初期症状，并有针对性地选择有效药剂，对症施药。施药技术上要尽量提高用药效果。首选药剂为 50%琥胶肥酸铜可湿性粉剂 500 倍液，加入硫酸链霉素或 70%农用链霉素 400 倍液，连喷 2～3 次，每 5 天喷 1 次以巩固防效。另外可用 14%络氨铜水剂 300 倍液或 77%可杀得可湿性粉剂 400 倍液喷洒，但要注意避免发生药害。喷 40 万单位的青霉素钾 5 000 倍液效果也不错，但有的人对青霉素过敏，要注意防止发生人员中毒事故。

55. 如何识别和防治西葫芦病毒病？如何区别西葫芦病毒病与 2,4-D 药害？

【症　状】 侵染西葫芦的病毒有 10 多种，由于病原种类不同，所引起的症状也有差异。主要有花叶型、皱缩型、黄化型和坏死型、复合侵染混合型等。花叶型植株生长发育弱，首先在植株顶端叶片产生深浅绿色相间的花叶斑驳，叶片变小卷缩，畸形，对产量有一定影响。皱缩型植株叶片皱缩，呈泡斑，严重时伴随有蕨叶、小叶和鸡爪叶等畸形。叶脉坏死型和混合型，叶片上沿叶脉产生淡褐色的坏死，叶柄和瓜蔓上则产生铁锈色坏死斑驳，常使叶片焦枯，蔓扭曲，蔓节间缩短，植株矮化；果实受害变小，畸形，引起田间植株早衰死亡，甚至绝收。

【发病条件】 一般为种子带毒，遇到高温干旱、日照强或缺水、管理粗放即可发病。

【防治方法】 ①培育无病壮苗。选用无病种子，进行种子消毒，育苗前用10%磷酸三钠溶液浸种 15 分钟，再用清水洗净，而后催芽；加强苗床管理，保证适温育苗，防止幼苗徒长；采取避蚜育苗，可用 30 目尼龙纱网覆盖育苗，防止蚜虫苗期传毒；及时拔除病苗，并做到适时早栽，早定植，病害轻。②加强肥水管理，增施磷、钾肥，防止高温干热；病健株分开操作，避免传染。③及时清除杂草，喷药防治蚜虫。保护地栽培，可用银灰色反光膜驱避蚜虫，防其传毒；夏季露地栽培，可利用银灰色遮阳网，降温避蚜，驱虫防病。④发病初期，选用 1∶100 生豆浆，1.5%植病灵乳剂 1 000 倍液，20%病毒 A 可湿性粉剂 500 倍液，NS-83 增抗剂 100 倍液，每 5～7 天喷 1 次，连喷 3～4 次，可有效控制病情发展，减轻危害。或每 30 千克水中加医用病毒唑 5 支和 5 克芸薹素 481（需先用 55℃～60℃温水溶解稀释），混匀后喷洒全株，并对病株灌根，每株灌根 200 克药液。

西葫芦病毒病与 2,4-D 药害症状相似，均表现为植株畸形，叶片皱缩，叶色不正常，叶脉失色呈明脉状，病株不能结瓜或结畸形瓜。在生产上应予以区别诊治，以防误诊造成不必要的损失。

西葫芦病毒病与2,4-D药害的症状区别表现在以下两个方面：

第一，症状有差别。病毒病的症状是：①植株矮化，节间及叶柄缩短；叶片缩小畸形，有时呈鸡爪状。②叶面极不平展，多向背面卷曲，或半边正常，半边皱缩。③新叶先呈浓绿、淡绿相间的斑驳，随后整个叶片变成花叶型。④叶脉凸起不明显，叶片缺刻不规则，中脉两侧叶肉失去对称。⑤病株不能结瓜或结瓜小，且表面布满颜色较深、大小不等的瘤状突起。而2,4-D药害的症状是：①植株茎蔓变细，节间不缩短，叶柄变长，较正常叶柄加长30%左右，严重者茎节变成白色，其上着生大量不定根。②叶片不平展，向正面卷曲，叶面横向变窄，叶肉缺损，严重者呈蕨叶状。③新叶先呈绿色，随后渐渐加深变成浓绿色，整个叶片油亮，无花斑。④叶脉明显增粗凸起，叶肉缺刻加深，并呈左右对称，中脉两侧的叶肉仍呈对称状。⑤植株受害后，幼瓜发黄脱落，15天内不能结瓜，20天后药害缓解，新叶转为正常时，才能结瓜，但瓜条变得细而长。

第二，发生规律不相同。一是病源病因差异大。西葫芦病毒病是一种侵染性病害，主要是由黄瓜花叶病毒（CMV）或甜瓜花叶病毒（MMV）侵染所致。苗期蚜虫为害或种子带毒是该病发生的侵染源，田间病害的流行主要是通过蚜虫传毒和病健植株汁液摩擦而传播的。而2,4-D药害是人为因素引起的非侵染性病害，是因2,4-D使用不当或人为误用而造成的。该病在田间不传染、不流行，轻度发生时，病株能逐渐自行缓解。二是发病条件不一样。高温低湿环境既有利于病毒的繁殖，又有利于蚜虫的繁殖、迁飞和传毒，因此，高温干旱天气，病毒病一般发生较重；生产上，育苗时间长，浇水不及时，管理粗放，杂草丛生，都会加重病害的发生。而在阴雨天气、低温高湿环境下，植株生长不良，抵抗能力弱，更易发生2,4-D药害。三是发生季节有区别。西葫芦病毒病一般在夏季和秋季发生重，冬季和早春发生较轻；露地病情一般重于保护地栽培；生产上，在苗期和栽培后期发病较重。而2,4-D药害一般在冬、春两季较易发生；露地栽培很少发生，而保护地却时常发生；生产上，苗期很少发生药害，多在盛花期过后，第一至第三批瓜下瓜期大发生。四是田间分布规律不相同。病症出现后，病毒病在田间分布不均匀，一般先出现发病中心，而后再蔓延扩展，病株多呈片状分布。而2,4-D药害在田间分布较均匀，一般呈随机点状分布，有时全田或全棚植株每一棵均发生。

56. 如何防治西葫芦银叶病？

西葫芦银叶病造成叶片叶绿素含量降低，严重阻碍光合作用，影响果实正常成熟，导致大幅度减产。

【症　状】 发生银叶病的西葫芦植株生长势弱，株型偏矮，叶片下垂，生长点叶片皱缩，呈半停滞状态，茎部上端节间短缩；茎及幼叶和功能叶叶柄褪绿，叶片叶绿素含量降低，严重阻碍光合作用；叶片初期表现为沿叶脉变为银色或亮白色，以后全叶变为银色，在阳光照耀下闪闪发光，但叶背面叶色正常，常见有烟粉虱成虫或若虫。植株具3～4片叶为敏感期。幼瓜及花器柄部、花萼变白，半成品瓜、商品瓜也白化，呈乳白色或白绿相间，丧失商品价值。

【发病原因】 目前，银叶病发生的原因，公认的看法是B

型烟粉虱为害引起的，其唾液分泌物对植物有毒害，且具内吸传导性，即有虫叶不一定有症状表现，而在以后的新叶上表现银叶。据观察，银叶粉虱虫口密度、虫龄、西葫芦品种及光照均影响银叶症状的表现。且光照越强银叶症状的表现越重；虫口密度越高，若虫比例越大，银叶症状的表现越重；大部分西葫芦品种均对银叶粉虱的为害产生生理混乱，只有少部分品种症状轻微或不表现症状，我国目前主栽早青一代和以色列金皮西葫芦品种均对银叶病十分敏感。

【防治方法】 ①化学防治。在防治烟粉虱时，最好加混复硝酚钠(爱多收)、芸薹素内酯、吗啉胍·乙铜(病毒 A)和低聚糖素等。②在银叶症状表现初期，可用 20～30 毫克/千克赤霉素＋500 倍细胞分裂素＋5 000 倍双效活力素混合液防治，喷药后 7 周可恢复正常生长，2 周后进入正常结果。③调节植株生长。于西葫芦银叶病初期，叶面喷洒 1.8%爱多收 6 000 倍液与螯合态多元素复合微肥 700 倍液的混合液，每 7～10 天喷 1 次，连续喷 2～3 次。

57. 如何防治烟粉虱？

【为害特点】 烟粉虱可直接刺吸植物汁液，造成寄主营养缺乏，影响正常的生理活动。若虫和成虫还可分泌蜜露，诱发煤污病，虫口密度高时，叶片呈现黑色，严重影响光合作用和外观品质；成虫还可作为植物病毒的传播媒介，引发病毒病。西葫芦被害表现为银叶。

【生物学特性】 烟粉虱的生活史由卵期、4 龄若虫期和成虫期组成，通常人们将第四龄若虫称作伪蛹。在我国北方露地不能越冬，保护地可常年发生，呈现明显的世代重叠现象。烟粉虱在不同寄主植物上的发育时间各不相同，在 25℃

条件下，从卵发育到成虫需要 18～30 天不等。卵产在叶背面，长椭圆形，附着在叶面上，初产时淡黄绿色，以后颜色逐步加深，孵化前变为黑褐色，卵期约 5 天。若虫淡绿色，1 龄若虫具相对长的触角和足，较活跃；2～4 龄若虫的足和触角退化，固定在叶上不动，若虫期约 15 天。成虫通过第四龄若虫背面的“T”字形线羽化出来，体黄色，翅白色无斑点，体长比温室白粉虱小，绝大多数在光期羽化，夏天成虫羽化后 1～8 小时内交配，秋天、春天羽化后 3 天内交配。成虫可在植株内或植株间做短距离扩散，寿命一般 2 周，长则可达 1～2 个月。

成虫喜在作物幼嫩部位产卵，但随着作物的生长，若虫在下部叶片发生较多。成虫对黄色敏感，有强烈趋性，还可在氮肥用量高、水分少的敏感作物上排泄很多的蜜露，造成煤污病。当受害植株萎蔫时，成虫大量迁出。每头雌虫平均可产卵 160 粒左右，最高可达 500 粒。

【发生原因】 ①气候条件适宜。烟粉虱在干热的气候条件下易暴发，特别是 8～9 月份气温居高不下，极有利于烟粉虱大发生。②越冬场所充足。近年来寿光市迅速发展的日光温室(冬暖式大棚)为烟粉虱提供了充足的越冬场所，特别是种植西葫芦、西红柿、青椒等烟粉虱喜食蔬菜偏多，有利于其取食繁殖，为翌年烟粉虱的暴发和为害提供了充足虫源。③寄主范围广。烟粉虱几乎可以为害所有的农作物，寄主范围广，食性杂，繁殖快，生活周期短，产卵量多，迁移性强，流动性大，极不易防治。如果只进行单户单块地用药防治，而不进行联防联治，很难提高总体防治效果。④抗药性增强。烟粉虱对常规农药已表现出较强的抗性，如对有机磷类、氨基甲酸酯类、菊酯类农药的抗性都比较高，再使用这些药剂已起不到很好的防治效果。同时，由于长期以来的不合理用药，对烟粉虱的天敌造成了大量伤害，打破了生态平衡，使天敌对烟粉虱已起不到有效的控制作用。

【防治方法】 ①农业防治。一是培育“无虫苗”。保护地蔬菜育苗前熏蒸温室可减少虫口基数，清除残株杂草，在温室通风口加一层尼龙纱，可避免外来虫源。二是尽量避免混栽。特别是西葫芦、黄瓜、西红柿、菜豆不能混栽。注意调节播种期、调整生产茬口，即头一茬安排芹菜、甜椒等烟粉虱为害轻的蔬菜，第二茬再种西葫芦。温室附近避免栽植黄瓜、西红柿、茄子等烟粉虱喜食蔬菜，以减少虫源。三是清除衰老枝叶。老龄若虫多分布在下部叶片，整枝时，适当摘除部分老叶，深埋或烧毁以减少种群数量。②物理防治。黄色对烟粉虱成虫有强烈的诱集作用，可在温室内设置黄板诱杀成虫。其具体方法是：用 1 米×0.2 米纤维板或硬纸板，涂成橙黄色，再涂一层黏油（可使用 10 号机油加少许黄油调匀），每 667 平方米设置 32～34 块，置于植株行间，与植株高度一致。黄板需 7～10 天重涂 1 次，注意防止油滴在作物上造成烧伤。③生物防治。烟粉虱的天敌资源丰富，其寄生性天敌有浆角蚜小蜂、丽蚜小蜂等，捕食性天敌有瓢虫、草蛉、花蝽及捕食螨类等，寄生真菌有玫烟色拟青霉、蜡蚧轮枝菌、白僵菌等，对烟粉虱具有相当的抑制能力，应加以保护利用。④化学防治。当烟粉虱种群密度较低时早期防治至关重要。同时注意交替用药和合理混配，以减少害虫抗药性的产生。可选用的药剂有 1.8%爱福丁 2 000～3 000 倍液，40%绿菜宝 1 000 倍液，25%扑虱灵 1 000～1 500 倍液，10%吡虫啉 2 000 倍液，5%锐劲特 1 500 倍液等，这些药剂高效、低毒，对天敌比较安全，对烟粉虱有很好的防治效果。

58. 如何识别温室白粉虱？其生物防治措施有哪些？

白粉虱俗称小白蛾，简称粉虱，是蔬菜、花卉等多种作物的重要害虫。随着蔬菜保护地、温室、塑料大棚等栽培设施的发展，粉虱的发生和为害逐年加重，造成蔬菜减产。该虫具有寄主范围广、防治难的特点。现结合栽培实践，将其特征、为害情况和主要生物防治方法介绍如下。

【形态特征】 白粉虱成虫的虫体和翅均为白色。体长1～1.5毫米，翅面覆盖白蜡粉，停息时双翅合成如蛾类。卵长约0.2毫米，初产淡绿色，覆有蜡粉，而后渐变褐色，孵化前呈黑色。若虫淡绿色或绿色，紧贴在叶片上生活。

【为害情况】 白粉虱以成虫、若虫群集叶背吸食植物。它把口器插在叶片里吸汁液，被害叶片褪绿、变黄、萎蔫，甚至全株枯死；同时成虫能分泌大量蜜露，滋长黑色的煤污病菌，引起煤污病的发生。成虫有趋嫩性，在寄主植物打顶以前，成虫总是随着植株的生长不断地追逐顶部嫩叶产卵，在作物上自上而下的分布为新产的绿卵、变黑的卵、初龄若虫、老龄若虫、伪蛹、新羽化成虫。因此，不同的叶位可以看到不同的虫态。各虫态常常同时发生，这给生物防治带来了困难。

【防治方法】 ①人工释放丽蚜小蜂。丽蚜小蜂属膜翅目蚜小蜂科。1978年我国从英国引进丽蚜小蜂，进行了大量防治白粉虱的试验，取得了良好的防治效果。丽蚜小蜂寄生于白粉虱的蛹和若虫，通常在温室中可以存活10～15天。产卵的雌蜂以触角探查粉虱若虫，然后将产卵器刺入，试探粉虱体内是否有丽蚜小蜂的卵。成蜂喜好选择三龄若虫期和四龄蛹前期的粉虱寄生，还可刺探粉虱若虫，取食粉虱的体液，粉虱被刺探后死亡。每头雌蜂可产卵50～100粒，高的可达350

粒。丽蚜小蜂寄生后，白粉虱的若虫和蛹变成黑色。除了白粉虱的龄期会影响寄生效果外，温室的温度、湿度和光照强度等也会影响到寄生的效果。在18℃的低温条件下，粉虱的繁殖率比寄生蜂大9倍，在防治上要求寄生蜂的量较大才能较好地控制。在26℃的高温下，寄生蜂比白粉虱发育快1倍，寄生蜂的量可以适当地少。一般说来，当每株植物有白粉虱0.5～1头时，每株放蜂3～5头，隔10天左右放1次，连续放蜂3～4次，可基本控制白粉虱为害。②用中华通草蛉防治温室白粉虱。中华通草蛉为广布全国的最常见种，1年可以发生多个世代，世代重叠。中华通草蛉在温室中除了可以取食白粉虱外，还可以取食菜蚜。但目前没有商品昆虫出售，一般需要自行采集扩增。③用0.3%印楝素乳油1 000倍液防治白粉虱。印楝素是从印楝树中提取的一种植物源杀虫剂，对人、畜、鸟类和蜜蜂均十分安全，并在环境中十分容易降解，是目前一类重要的植物源生物农药。其作用机制为对昆虫具有强烈的拒食、忌避及抑制生长繁殖等作用。据报道，鳞翅目害虫对其敏感。2004年8月，在寿光市农业高科技示范园区的温室西葫芦上进行了使用印楝素防治白粉虱的试验，结合农业防治和物理防治措施，综合防效可达90%左右。④药剂辅助防治。注意准确用药，及早防治。可以结合黄板监测决定用药时期。经试验应用，在白粉虱零星发生时开始喷洒10%吡虫啉可湿性粉剂1 500倍液、敌死虫(矿物油)200倍液效果较理想。喷药时力求均匀，使药剂充分渗透叶片，特别是叶背。如果以药剂防治为主，注意轮换、交替用药，严格掌握用药量，以免害虫产生抗药性。此外，由于白粉虱繁殖迅速、易于传播，在一个地区范围内的生产单位应注意联防联治，以提高总体防治效果。

59. 如何防治美洲斑潜蝇？

【为害特点】 美洲斑潜蝇属双翅目潜蝇科，俗称"小白龙"。是近年传入我国的检疫性害虫。该虫食性较杂，已知寄主涉及13个科的60余种植物。其中以葫芦科、茄科、豆科作物受害最重，也可为害菊花、旱莲、大理花等花卉。在蔬菜中尤以瓜类作物受害最重。幼虫以蛀食叶片上下表皮间的叶肉细胞为主，常在叶片上形成曲曲弯弯的蛇形隧道。隧道前端较细，随幼虫长大，后端隧道较粗。成虫的取食和产卵孔也造成一定为害，影响光合作用和营养物质的输导，同时传播病毒。

【形态特征】 成虫体长1.3～2.8毫米，淡黄褐色，中胸背板亮黑色，体腹面黄色，触角和额鲜黄色，前足棕黄色，后足棕黑色，腹部大部分为黑色，背板边缘为黄色。卵0.2～0.3毫米，米色、轻微半透明。幼虫无头蛆状，初孵无色，渐变淡橙黄色，后期橙黄色，长约3毫米，共3龄，老熟后多在叶外化蛹。蛹椭圆形，腹面稍扁平，橙黄色。

【防治方法】 ①清洁田园。在早春杂草萌发之际，喷洒除草剂灭除田间地边的杂草。西葫芦收获后，应及时清除田间的残枝败叶及杂草，深埋或烧掉。在温室内和发生世代较少的地方，定期清除有虫叶、有虫株并集中处理，有一定效果。②生物防治。美洲斑潜蝇天敌有潜蝇茧蜂、绿姬小蜂、双雕姬小蜂等。利用天敌可减轻危害。③化学防治。美洲斑潜蝇繁殖力强，世代重叠。幼虫孵化后即潜入叶片表皮内取食叶肉，给防治带来一定困难。应在化蛹高峰期后9～10天喷药，采用连环喷药法，隔7天左右喷1次，能有效地控制幼虫高峰期的危害。应注意交替轮换使用农药，以延缓害虫对各种农药产生抗性。喷药时注意雾点要细，上下结合，力求均匀。常用药剂有10%除尽悬浮剂2 000倍液、5%抑太保乳油2 000倍液、5%卡死克乳油2 000倍液、48%乐斯本1 000倍液等药剂，这些药剂要交替使用，在发生高峰期每5～7天喷1次，连续喷2～3次。

须注意的是，当西葫芦叶片出现2条虫道时要及时喷药，以后视虫情每隔7～10天连续施药，喷药时应从瓜秧自上而下喷，防止成虫逃跑。可适当在药液中添加助剂，如一些商品农药助剂，或添加0.05%的植物油，以便药剂有效深入虫道，提高药效。另外，美洲斑潜蝇抗药性发展快，应注意轮换用药。

60. 如何防治斜纹夜蛾？

【为害特点】 该虫以幼虫咬食叶、花、果实，大发生时它能将全棚植株吃成光杆，以至于无收。

【形态特征】 成虫体长14～21毫米，翅展33～46毫米。全体暗褐色，前翅灰褐或褐色，内、外横线灰白色，波浪形；在环状纹与肾状纹间，由前缘向后缘外方有3条白色斜纹。后翅白色，前、后翅上常带有水红色闪光。卵块状，外覆黄色茸毛。幼虫体长36～48毫米，呈黄绿至墨绿或黑色，从中胸到腹部第八节背面各有1对近似半月形或三角形的黑斑。蛹长15～23毫米，赤褐色至暗褐色。

【生活习性】 在北方1年发生4～6代。各地均以7～10月为害最重。通常每头雌蛾可产卵400粒左右，最多可达2 000～3 000粒。幼龄幼虫群集在卵块附近为害成筛网状，三龄以后分散为害，有假死性，并对阳光敏感，晴天躲在阴暗处或土缝里，夜晚、早晨出来为害。老熟幼虫入土化蛹。

【防治方法】 ①在各代盛卵期，发现卵块和新筛网状被害叶，随手摘杀并集中喷药围歼。②掌握幼虫低龄时期，每667平方米用90%敌百虫50克，或80%敌敌畏40克，或50%马拉硫磷75克，或20%杀灭菊酯乳油15克，对水60升喷雾。特别是在黄昏或清晨用药，效果更好。③可利用蜘蛛、赤眼蜂等自然天敌控制此虫为害。

五、西葫芦生理障碍防治

61. 日光温室西葫芦只开花不结果是什么原因造成的？如何防治？

日光温室西葫芦只开花不结果主要是生理障碍造成的：一是基肥中偏施了氮肥，致使西葫芦生长过旺，叶片面积增大，荫蔽严重；二是棚室内温度过低或过高；三是棚室内水分不足或者湿度过大。这样的环境，都会使花粉和花柱的生命活力受到较大抑制。为此，应采取以下措施进行防治。

(1)合理浇水 开始结瓜时，如遇到连续10天左右的干旱，可进行沟灌，但一定要防止大水漫灌。

(2)增施磷钾肥 一般每隔5～7天喷施1次0.2%～0.3%磷酸二氢钾溶液。

(3)控制夜温 可适当控制夜温，夜温过高，西葫芦生长容易出现过旺的情况，因此可采取下午晚一点关闭通风口、早上及时通风的措施调整西葫芦棚内温度，一般西葫芦正常生长适宜的夜温为上半夜16℃～18℃，下半夜为12℃～15℃。早上棚内的温度不要超过15℃，同时也不要低于10℃，这样可避免出现西葫芦生长过旺的情况。

(4)喷洒营养液调控植株长势 可叶面喷洒海力等，以调节西葫芦的长势，使西葫芦的养分达到合理供应，使养分由主要供应植株生长适当转为供应果实的生长，可促进西葫芦多坐瓜。也可在西葫芦长到3～9片真叶时，叶面喷洒助壮素或矮壮素或增瓜灵等，避免西葫芦出现过旺生长的情况。在喷洒生长调节剂时，要注意做好试验，避免因用药量过大而造成药害，可于晴天的下午进行喷洒。

(5)实施人工授粉 每天9～10时正值雄花开放高峰期，摘取雄花，去其花冠，将花药轻轻涂在雌蕊的柱头上，一朵雄花可供3朵雌花授粉。

(6)激素处理 一是用20～30毫克/千克2,4-D在开花的当天上午，用毛笔蘸液涂于花梗部或柱头、子房上，防止药液溅洒在茎叶上。二是用40～50毫克/千克番茄灵喷洒在雌花柱头上。三是摘除老叶，疏除残花。对基部脚叶应适当摘除，同时，要疏理过多的雌花和多余的雄花。

62. 日光温室西葫芦花打顶是什么原因？如何防治？

西葫芦花打顶指的是茎尖部生长点受阻，"龙头"节间越来越短，不舒展，不再有新的幼叶产生；同时，雌花抱顶，有自封顶的生长趋势。西葫芦发生花打顶现象后会严重影响产量，特别是早期产量，一般可减产30%～40%。西葫芦发生花打顶有以下主要原因：一是蹲苗过头。蹲苗虽可控上促下，有利培育壮苗，但如蹲苗时间过长，或土壤过于干旱就会造成"龙头"营养不良，生长衰弱，导致花打顶。二是低温。西葫芦生长发育适宜温度为18℃～25℃，在15℃时发育不良，在11℃以下停止生长。如12月下旬至翌年3月初遭寒流袭击，棚内夜间温度在15℃～11℃，甚至11℃以下的低温，"龙头”会停止继续生长，导致生长发育失调，引发雌花抱顶，产生花打顶现象。三是伤根。因育苗移栽机械损伤根系过多和土壤水分过大（沤根），以及施肥过多造成的烧根都可使“龙头”生长受挫，形成花打顶。四是常使用类似于植物内源激素的乙烯利、增瓜灵等不当所致。这样就使西葫芦体内源激素高，使营养物质主要运向雌蕊，形成雌花，甚至连续出现多个雌花，雄花则退化，成为有老叶而无新叶的自封顶植株。五是肥害或药害也会引起花打顶。一次施肥过多（尤其是过磷酸钙）或喷洒农药对西葫芦产生较重的药害。

导致西葫芦花打顶的因素往往是综合因素造成的，所以只有采取综合防治措施，才能收到较好的效果。

(1)蹲苗要适度 不可过度蹲苗，蹲苗时间不能太长，土壤不能太干。花打顶初期，适时适量浇水，使土壤含水量经常保持在20%上下，并随水追施一些速效氮肥，可促进植株的营养生长（对因肥害造成的花打顶不可追肥），或喷施500～1 000毫克/千克赤霉素，可促进茎叶生长。

(2)严格控制温度 低温尤其是夜间低温对花打顶影响极大。因此在苗期和定植初期应确保棚内夜间在15℃以上。如温度低可采用在大棚四周加盖一层草帘，棚内设二层膜或搭建小拱棚等措施；有条件的地方可采用铺设地热线或安装电炉子、生炭火等无烟增温措施。

(3)注意保护根系 育苗移栽时注意不要伤根过多并适量浇水，特别是寒冷季节要浇小水，以防止沤根。施肥要做到配方合理，不可盲目过多，以防止烧根。此外，对西葫芦上部的小瓜胎（雌花）要全部掰掉，以减轻植株负担，有利于茎叶健壮生长。

此外，对已出现花打顶的植株，及时采收熟瓜，并对雌花多或瓜多的进行疏花疏果，一般健壮植株每株留1～2个果实。

63. 如何防治日光温室西葫芦落花落果？

日光温室栽培西葫芦落花落果的原因很多，但综合起来，主要是营养不良、不利的气候条件和病虫危害造成的。营养不良是由于栽培管理措施不力，如栽培密度过大或氮肥施用过多，造成植株徒长，营养生长和生殖生长失去平衡，使西葫芦花、果营养不足而脱落。不利的气候条件，如冬春季日光温室中经常遇到光照不足、温度偏低的天气，影响授粉，即使授粉，果实也发育不良，易脱落。这在阴雨雪天气时表现更突出。棚室内通风不良、湿度过大时，造成西葫芦花不能正常散粉，使授粉受精难以完成而造成落花落果。防治西葫芦落花落果的措施如下。

一是在西葫芦开花结果期，白天棚室内温度应控制在26℃左右，夜间不低于15℃。

二是及时揭去日光温室草帘，尽可能延长光照时间，增加光照强度。

三是加强肥水管理。如果植株叶片浓绿肥厚，开花却不结果，须严格控制肥水，并用较大土块压住蔓头，抑制植株疯长。如果植株瘦弱，叶片黄且薄，须增加肥水，摘除第一朵雌花，先促进营养生长。

四是及时防治病虫害。加强通风，降低棚内湿度，定期施用农药，清除败落花瓣及病叶老叶。在西葫芦果实顶端花瓣着生处涂抹一层多菌灵粉剂，可以防止病菌从此处侵入果实而造成脱落。

五是在西葫芦初现花蕾时，每隔10天左右叶面喷施1次喷施宝等含硼叶面肥，防止因硼等微量元素不足造成花果发育不良而落花落果。

六是在10时左右对将要开放的雌花用20毫克/千克2,4-D和30毫克/千克赤霉素混合液蘸花,促进果实膨大,防止受精不良。

64. 日光温室西葫芦化瓜的原因是什么?如何防治?

西葫芦化瓜是生产上较常见的问题。化瓜,指西葫芦雌花开放后3～4天内,幼果前面部分褪绿变黄,变细变软,果实不膨大或膨大很少,表面失去光泽,先端萎缩,不能形成商品瓜,最终烂掉或脱落的现象。目前,西葫芦化瓜已成为生产障碍因素之一。现将化瓜发生的原因及预防措施介绍如下。

(1)化瓜原因 西葫芦化瓜的原因主要是环境条件不适或养分供应失调造成的。具体原因如下:①温度。温度过高,白天超过35℃,夜间高于20℃,造成光合作用降低,呼吸作用增强,碳水化合物大量向茎叶输送,蔓秧徒长,营养不良而化瓜。温度过低,白天低于20℃,晚上低于10℃,根系吸收能力减弱,光合作用也会降低,造成营养饥饿而引起化瓜。②光照。西葫芦进入开花阶段,这时候如果遇到连续阴天或阴雨连绵,昼夜温差小,加之光合作用受到影响,养分的消耗多于制造,就会造成营养不良而化瓜。③栽植密度。密度的大小也是影响化瓜的因素之一,密度大,根系间竞争土壤中的养分,而地上部的茎叶则竞争空间,当叶面积指数达到4以上时,透光透气性降低,光合效率不高,消耗增加,化瓜率提高。④授粉。由于授粉不良或根本就没授粉,子房内不能生成植物生长素,导致胚和胚乳不能正常生长,加之营养生长与其竞争养分,当养分向雌花供应不足的时候,子房的植物生长素含量减少,不能结实而化瓜。⑤氨气。保护地里,氨气主要来源于有机肥料的分解和高温下氨态氮肥的气化等。在一般情况下，氨气可以被土壤水分所吸收，并被作物吸收利用，但高温使氨气逸散到空气中，当含量达到8毫克/立方米时，可使西葫芦受到一定的危害；当含量达50毫克/立方米时，西葫芦就会化瓜，甚至死亡。

(2)预防措施 ①调节温度。白天温度保持在25℃～30℃，超过30℃，应适当放风。夜间保持在15℃～20℃，温度过低，可通过安装电炉子、生炭火等无烟增温措施加温。②补充光照。在保持棚内温度的情况下要早拉晚放草苫，假如遇到连续阴天或阴雨连绵，可用照明灯、张挂反光膜的方法加强光照。③确定适宜密度。每667平方米控制在2 000～2 500株，采用大小行距种植时，大行距80厘米，小行距60厘米，株距40厘米。④合理施肥。科学施肥对控制化瓜的发生很重要。在生产上要增施充分腐熟的有机肥，防止过量施用氮肥或磷、钾肥不足，通常过量施用氮肥很容易造成植株徒长，坐果不齐，增加化瓜。随着植株的不断生长，应逐渐增加氮肥施用量，到开花结果盛期应平衡施肥。施用氮肥时要注意深施。⑤及时通风换气。适当的放风，不但可保持温室棚内适宜的温、湿度，而且能调节二氧化碳、二氧化硫和氨气的浓度，控制西葫芦的徒长，防止病虫害的发生，减少化瓜的形成。⑥减少氨气来源。施用充分腐熟的圈肥、有机肥；施用氮肥时要深施，少撒施，尤其是碳铵一定要埋施。⑦激素处理。在西葫芦开花后2～3天，用100毫克/千克赤霉素或100毫克/千克防落素喷洒，均能使小瓜长得快，不易化瓜。

65. 如何防治西葫芦发生畸形瓜？

【主要症状】 西葫芦畸形瓜包括弯曲瓜、尖嘴瓜、大肚瓜和蜂腰瓜。

【发生原因】 果实的形状、大小与植株长势关系极为密切。当瓜条刚坐住时，细胞数已固定，瓜条的大小、形状决定于细胞体积的增加，而细胞体积的增加，靠叶片提供碳水化合物和根系提供水分和养分。当植株衰弱或遭受病害时，容易产生尖嘴瓜和大肚瓜。雌花不受精则变成尖嘴瓜，受精不完全则出现大肚瓜。缺钾、生育波动等原因易出现蜂腰瓜。此外，土壤干旱、盐类溶液浓度障害，吸收养分、水分不足，光照不足等，也容易形成尖嘴瓜。

【防治方法】 适期追肥灌水，搞好土壤耕作，维持植株长势，提高叶片的同化功能；冬季注意增强光照，保持适宜的生长发育温度；发现有畸形瓜产生应尽早摘除，以免影响下一个瓜的生长。用激素处理雌花时，要注意溶液的浓度和喷花时间，高温时溶液浓度要小，低温时溶液浓度要适当增大。喷花时，要将雌花的花托、柱头都喷匀。适时采收，避免瓜与瓜之间争夺养分。

66. 为什么连续阴雪天骤晴揭开草苫后易造成西葫芦幼苗死亡？

在日光温室冬春茬西葫芦栽培中，常常会遇到连阴天，连阴天、雪天后骤晴，突然揭开草苫会出现植株急剧萎蔫、凋枯、死亡现象，生产上称为“闪苗”。其主要原因如下：阴天和雨雪天连续数日，地温降至适宜西葫芦根系生长的温度以下，使根系受到伤害。如果这时的土壤湿度过大，则会出现沤根。阴雪天转晴天，受伤的根一时难以恢复功能，无法保证地上对水分和养分的需求而闪苗。阴雪天过后骤晴，揭苫后棚内温度急升，植株的蒸腾作用急剧加快，而低温高湿下叶片上长期开放的气孔来不及关闭而加大植株失水，加上低温下根系的功能恢复慢，无法及时地补充地上叶片蒸腾失去的水分，这样会引起植株体内的水分失去平衡而萎蔫，如抢救不及时将造成永久性萎蔫。低温下植株体的代谢功能被打破，来不及调整而使植株失去正常活力。连续多天的低温寡照使西葫芦植株长时间处于饥饿状态，植株体内养分消耗过度，无法适应外部所提供的生命活动的环境而导致死亡。

预防闪苗的措施：连续的阴雪（雨）天，尽管外界的气温低、光照弱。但外界的散射光的光强比温室内强得多，只要外界不是下着大雪（雨），只要外界的气温不会造成揭苫后棚内温度急剧下降，每天就应该揭草苫见光，哪怕是中午见一会儿光也行。目前有一种新观点正被大家所接受，即直射光能增加温度，散射光也能提高产量。如果利用反光膜效果更快。连续的雨雪天过后，早晨应比正常揭苫时间要提早揭开草苫，使西葫芦植株在较低的温度下多见一些光，便于植株进行强光条件下的适应性调整，也可立即在植株上喷 30℃左右的温水，也可于连阴天期间向植株喷 1%葡萄糖溶液。当太阳出来后，叶片如出现轻度萎蔫，此时就应放下一部分草苫遮光，可隔一放一，待萎蔫恢复后，再度卷起草苫，等萎蔫再度出现，可再将草苫放下，必要时可再度喷 30℃左右的温水。这样反复几次，一般的萎蔫即可恢复。当下午阳光弱时，揭苫不再萎蔫时，停止进行局部遮光。天黑时可及早放下草苫保温，并加强夜间保温。如通过天气预报得知连续晴天时，可采取膜下暗浇补 1 次水，也可减轻萎蔫。

67. 日光温室冬春茬西葫芦怎样预防低温冷害？

低温冷害是冬春茬西葫芦生产的主要威胁。主要发生在以下几种情况：①扣棚前。冬春茬西葫芦应该在外界气温低于15℃时就及时扣膜。各地区扣膜的时间不相同，寿光地区一般在10月上旬。如果思想麻痹，加上薄膜未能及时到位，偶尔气温低于8℃就易造成西葫芦植株受冷害。受害植株表现为叶脉间叶肉隆起、叶肉变墨绿色等。②扣草苫不及时。扣膜之后外界气温仍是逐渐变低，按操作日程当外界气温降到5℃以前就应及时上草苫。如这时草苫准备不及时，突然降温，就会造成冷害。③连阴天。日光温室冬春茬西葫芦的冷害多发生在深冬季节，遇到5～7天的连阴雨天，由于缺少太阳直射光的补给，而使温室中的贮存热量散失后，使室温和地温降至适宜西葫芦生长的温度之下而造成冷害。这时的冷害不仅危及叶片，而且伤及根系。④初春冷害。初春冷害多发生在3月上中旬，进入3月份后，温度回升快，但这时往往伴随有倒春寒。由于温度回升快，使一些缺乏经验的种植者往往过早地撤除覆盖物，而当倒春寒过来后又措手不及，致使西葫芦受到冷害。若冷寒流伴有连阴天也会造成严重沤根、死秧。

预防低温冷害的措施：扣棚前易发生的冷害，往往是心理没底造成的。这时应本着季节到了不看天也应及时地扣棚膜。预防初冬时节的冷害，除了及时扣膜之外，还必须及时盖草苫。以寿光市为例，一般要求10月25日草苫到位，11月初正式上棚顶，棚外最低气温低于5℃，一定及时放下草苫。对深冬冷害的预防：有条件的温室内张挂反光幕，加扣二道膜。如启用临时加温设施，切记夜温应保持在10℃～15℃，以防呼吸消耗过大。发生在3月份的冷害往往是过早地撤除草苫所致，以当地的气象预报加上气象学常识做参考，如外界最低气温不稳定通过10℃以上，草苫绝不能过早地撤除。

68. 西葫芦发生 2,4-D 中毒的原因是什么？如何防治？

【主要症状】 蘸花后 2～3 天，嫩叶叶缘上卷，叶片扭曲畸形，失去光泽；叶肉退化，叶脉突出、僵硬，严重的呈鸡爪状；生长点僵硬、萎缩，造成生长点消失。幼果墨绿而短粗，雌花不能正常开放，多呈半开放状态。瓜柄明显增粗，有的超过幼果基部。受害瓜多为后部粗而先端细的尖嘴瓜，失去商品价值。受害株茎节短缩，着生叶柄处常呈乳白色，受害严重的出现乳白色瘤状物，纵裂。受害株中下部叶片为深绿色，严重的则失去光泽，呈老化状态。2,4-D 中毒对日光温室西葫芦生产的影响取决于单株受害的程度及受害株的多少。

【发生原因】 ①配制的 2,4-D 溶液浓度偏高或蘸花时用药液量大。②把药液滴在叶片或生长点上。用大口容器盛药液，用后不加盖，水分蒸发导致浓度偏高。③使用某种以 2,4-D为主要成分配成的不合格的促坐果类药剂。

【防治方法】 ①2,4-D 是人工合成的生长调节剂，是一种植物激素类似物。为生产无公害蔬菜、防止药害的发生，在西葫芦等瓜果蔬菜上，最好不用 2,4-D 蘸花。可剥取西葫芦雄蕊套花，或采集花粉进行人工授粉。冬季保护地栽培，也可选用对环境、人、畜高度安全的植物内源激素（如芸薹素内酯等）进行蘸花，并结合人工授粉，以提高坐瓜率。②若使用 2,4-D药液时，点花浓度不超过 30 毫克/千克；喷花浓度不超过 25 毫克/千克。为防止重复点花或喷花，须在药液中加入少量红色广告色作为标记。③忌将药液洒落或粘到嫩叶或生长点上，并防止人为误喷误用 2,4-D 药液。④中毒症状出现后，可用 400 倍白糖水加 500 倍尿素混合液，每隔 4～5 天喷 1 次，连喷 2～3 次，能缓解中毒症状。也可喷施稀土微肥

2 000 倍加赤霉素 3 000 倍混合液。⑤日光温室西葫芦的2,4-D中毒缓解的快慢与温度和水分有关，冬季在正常管理条件下 40 多天才可缓解，在春季高温条件下，20～30 天症状可缓解，如能适当提高温度，并增加水分供应，可缩短缓解的时间，减少损失。对发生药害的植株要及时摘除畸形瓜。对2,4-D中毒严重的温室，要果断拔秧换茬。

69. 日光温室栽培西葫芦为什么经常发生药害？怎样缓解药害和减轻药害？

日光温室栽培西葫芦，存在比较突出的另一个问题是药害普遍发生。温室西葫芦一旦发生药害，必然造成叶片老化、硬化，光合作用受阻，光合效率大幅度降低，引起减产甚至严重减产。西葫芦叶片出现叶色发暗、无光泽，叶面粗糙、硬化，表明发生了轻度药害；叶片变厚、变脆，叶缘坏死、黄化，表明发生了严重药害；个别严重者，叶片干枯、坏死。造成这种现象，其主要原因有以下 4 个：①药贩子们为了赚菜农的钱，误导菜农多打药、高浓度用药，并让菜农几种农药混用，从而造成药液浓度过高，引发药害。②多数菜农不懂技术，不清楚药品性质，一旦发生病害、虫害，错误地认为多配几种药、高浓度用药可消灭病虫害，结果往往造成严重药害。③重复打药，提高了药液浓度，因而诱发药害。另外，有的菜农盲目地用两种或多种农药混用，造成高浓度重复配药，使温室内普遍发生药害。④温室周围的农田喷洒除草剂，正遇上菜农开风口进行通风，含有除草剂气雾的空气进入温室，从而使室内西葫芦发生了除草剂药害。

防止和防治药害的方法如下：

第一，用药前要认真阅读药品说明书，仔细检查药品的

"批号"、"合格证"、使用范围、使用浓度等，了解药品性质、使用方法及注意事项等，避免用错药和高浓度用药。

第二，要对症用药，严禁在不了解药品性质、不知病虫种类的情况下盲目用药。

第三，要认真向农业技术人员咨询，认真听取他们的意见，不可盲目听信药贩子们的宣传和许诺，胡乱施药。

第四，不可随意使用所谓的新产品。目前农药市场极其混乱，假冒伪劣药品充斥市场，不可随意使用所谓的新产品，要使用信得过的厂家生产的药品。

第五，温室通风时，注意周围农田是否在喷洒除草剂，如有喷洒者，立即停止通风或只开顶风口通风，以免除草剂气雾进入温室内，危害西葫芦，诱发药害。

第六，一旦发生药害，受害较轻时应立即喷洒 600 倍天达-2116 壮苗专用型＋200 倍红糖水＋500 倍尿素药液（或 2 500 倍纳米磁能液＋200 倍红糖水＋500 倍尿素药液），以缓解药害。每 5 天左右喷 1 次，连续喷洒 2～3 次，使西葫芦尽可能地恢复正常，最大限度地减少药害对西葫芦的危害。

70. 如何正确识别和防治西葫芦缺素症？

(1)西葫芦缺氮症

【症　状】 植株生长缓慢并矮化，叶片薄而小，黄化均匀，不表现斑点状，黄化先从下部老叶开始，逐渐向上发展，幼叶生长缓慢。花小，化瓜严重。

【发生条件】 ①土壤本身含氮量低。②种植前施大量未腐熟的作物秸秆或有机肥，碳素多，其分解时夺取土壤中氮。③产量高，收获量大，从土壤中吸收氮多而追肥不及时。

【诊断要点】 ①观察从上部叶还是从下部叶开始黄化，

如果从下部叶开始黄化则是缺氮。②注意茎的粗细，一般缺氮茎细。③定植前施用未腐熟的作物秸秆或有机肥短时间内会引起缺氮。④下部叶叶缘急剧黄化（缺钾），叶缘部分残留有绿色（缺镁）。叶螨为害呈斑点状失绿。

【防治方法】 ①施用新鲜的有机物做基肥时，要增施氮素。②施用完全腐熟的堆肥。③应急措施是叶面喷施0.2%～0.5%尿素液。

(2)西葫芦缺磷症

【症　状】 植株矮化，叶片小，颜色浓绿，叶片平展并微向上挺。老叶有明显的暗红色斑块，有时斑点变褐色，下部叶易脱落。

【发生条件】 ①堆肥和磷肥施用量少，易发生缺磷症。②地温常常影响对磷的吸收。温度低，对磷的吸收就少，大棚等保护地冬春季或早春易发生缺磷。

【诊断要点】 注意症状出现的时期，由于温度低，即使土壤中磷素充足，也难以吸收充足的磷素，易出现缺磷症。在生育初期，叶色为浓绿色，后期出现褐斑。

【防治方法】 ①土壤缺磷时，除了施用磷肥外，还要注意培肥土壤。②苗期特别需要磷，注意增施磷肥。③施用足够的堆肥等有机质肥料。④可喷0.2%磷酸二氢钾或0.5%过磷酸钙水溶液。

(3)西葫芦缺钾症

【症　状】 生长缓慢，节间短，叶片小，呈青铜色逐渐变黄绿色，叶片卷曲，严重使叶片成烧焦状干枯。主脉下陷，叶缘干枯。果实的中部和顶部膨大受阻。

【发生条件】 ①土壤中含钾量低，施用堆肥等有机质肥料和钾肥少，易出现缺钾症。②地温低、日照不足、过湿、施氮肥过多等条件阻碍对钾的吸收。

【诊断要点】 ①注意叶片发生症状的位置，如果是下部叶和中部叶出现症状则可能缺钾。②生育初期因温度低做覆盖栽培时，气体障害有类似的症状，要注意区别。③同样的症状，如出现在上部叶，则可能是缺钙。

【防治方法】 ①施用足够的钾肥，特别是在生育的中后期不能缺钾。②施用充足的堆肥等有机质肥料。③如果钾不足，应施用硫酸钾，平均每667平方米一次追施3～4.5千克。④叶面喷0.3%磷酸二氢钾与1%草木灰浸出液。

(4)西葫芦缺钙症

【症　状】 上部叶形状稍小，向内侧或向外侧卷曲；生长点附近的叶片叶缘卷曲枯死，呈降落伞状；上部叶的叶脉间黄化，叶上出现斑点病，严重时叶脉间组织除主脉外全部失绿。顶芽坏死。

【发生条件】 ①氮多、钾多、土壤干燥都会阻碍对钙的吸收。②空气湿度小，蒸发快，补水不足时易产生缺钙。③土壤本身缺钙。

【诊断要点】 ①仔细观察生长点附近的叶片黄化状况，如果叶脉不黄化，呈花叶状则可能是病毒病。②生长点附近萎缩，可能是缺硼。但缺硼突然出现萎缩症状的情况少，而且缺硼叶片扭曲。根据这一特点可以区分是缺钙还是缺硼。

【防治方法】 ①土壤钙不足，可施用含钙物料。②避免一次用大量钾肥和氮肥。③要适时浇水，保证水分充足。④应急措施是用0.3%氯化钙水溶液喷洒叶面。

(5)西葫芦缺镁症

【症　状】 下部叶叶脉间的绿色渐渐地变黄，进一步发展，除了叶脉、叶缘残留点绿色外，叶脉间全部黄白化。老叶先发生，逐渐向幼叶发展，最后全株黄化。有时表现为在叶脉间出现大的凹陷斑，最后斑点坏死，叶子萎缩。

【发生条件】 ①土壤本身含镁量低。②钾、氮肥用量过多，阻碍了对镁的吸收，尤其是大棚栽培表现更明显。③收获量大，但没有施用足够量的镁肥。

【诊断要点】 ①生育初期至结瓜前，若发生缺绿症，缺镁的可能性不大。可能是由于保护地处于封闭条件，与气体的障害有关。②缺镁症状与缺钾症状相似，二者的区别在于：缺镁是从叶内侧失绿，缺钾是从叶缘开始失绿。③缺镁的叶片不卷缩。如果硬化、卷缩应考虑其他原因。

【防治方法】 ①土壤诊断若缺镁，在栽培前要施用足够的含镁物料。②避免一次施用过量的、阻碍对镁吸收的钾、氮等肥料。③应急措施是用1%～2%硫酸镁水溶液喷洒叶面。

(6)西葫芦缺锌症

【症　状】 从中部叶开始褪色，与健康叶比较，叶脉清晰可见。随着叶脉间逐渐褪色，叶缘由黄化转变为褐色，叶缘枯死，叶片向外侧稍微卷曲。嫩叶生长不正常，芽呈丛生状。

【发生条件】 ①光照过强易发生缺锌。②若吸收磷过多，植株即使吸收了锌，也表现缺锌症状。③土壤 pH 高，即使土壤中有足够的锌，但其不溶解，也不能被作物所吸收利用。

【诊断要点】 ①缺锌症与缺钾症类似，叶片黄化。二者的区别是：缺钾是叶缘先呈黄化，渐渐向内发展；而缺锌全叶黄化，并由叶的中部渐渐向叶缘发展。②缺锌症状严重时，生长点附近节间短缩。

【防治方法】 ①不要过量施用磷肥。②缺锌时，可以施用硫酸锌，每 667 平方米施 1.5 千克。③应急措施是：用硫酸锌 0.1%～0.2%水溶液喷洒叶面。

(7)西葫芦缺硼症

【症 状】 生长点附近的节间显著缩短，有时出现木质化；上部叶向外侧卷曲，叶缘部分变褐色；当仔细观察上部叶叶脉时，有萎缩现象，叶脉间不黄化。

【发生条件】 ①在酸性的砂壤土上，一次施用过量的碱性肥料，易发生缺硼症状。②土壤干燥影响对硼的吸收，易发生缺硼。③土壤有机肥施用量少，在土壤 pH 高的田块也易发生缺硼。④施用过多的钾肥，影响了对硼的吸收，易发生缺硼。

【诊断要点】 ①从发生症状的叶片部位来确定，缺硼症状多发生在上部叶。②叶脉间不出现黄化。③植株生长点附近的叶片萎缩、枯死，其症状与缺钙相类似。但缺钙叶脉间黄化，而缺硼叶脉间不黄化。

【防治方法】 ①如土壤缺硼，可预先增施硼肥。②适时浇水，防止土壤干燥。③多施腐熟的有机肥，提高土壤肥力。④应急措施是：用 0.12%～0.25%硼砂或硼酸水溶液喷洒叶面。

(8)西葫芦缺铁症

【症 状】 上部叶的新叶全部黄化，严重时黄白化，芽生长停止，叶缘坏死完全失绿。

【发生条件】 磷肥施用过量，碱性土壤，土壤中铜、锰过量，土壤过干、过湿、温度低，均易发生缺铁。

【诊断要点】 ①缺铁的症状是出现黄化，叶缘正常，不停止生长发育。②调查土壤 pH。出现上述症状的植株根际土壤呈碱性，有可能是缺铁。③在干燥或多湿等条件下，根的功能下降，吸收铁的能力下降，就会出现缺铁症状。④植株叶片是出现斑点状黄化，还是全叶黄化，如是全叶黄化则为缺铁症。

【防治方法】①尽量少用碱性肥料，防止土壤呈碱性，土壤 pH 应在 6～6.5。②加强土壤水分管理，防止土壤过干、过湿。③应急措施是：用硫酸亚铁 0.1%～0.5%水溶液或柠檬酸铁 100 毫克/千克水溶液喷洒叶面。

六、西葫芦栽培新模式

71. 什么是日光温室西葫芦、番茄、芸豆一年三茬高产高效种植模式？

600 平方米的日光温室种植西葫芦、番茄、芸豆，一年三作三收，年产值达 18 000 元。

(1)越冬西葫芦 ①品种。选用早青一代、金元帅、玉帅等早熟品种。②整地施肥。每室施熟鸡粪 3 000 千克，磷酸二铵 50 千克，硫酸钾 50 千克，混合均匀后结合整地做基肥用。③播种。西葫芦采用直播方式，整好垄后，于 10 月初按行株距 80 厘米×45 厘米点播，栽植密度为每 667 平方米 1 800 株。④植株调整。及时整枝打杈，去雄花，秧伸长后及时吊秧。在结果中、后期结合浇水每次冲施复合肥 25 千克；补施 1 次尿素，每室 15 千克，每天 8～10 时摘取当天开的雄花实行对花授粉，或采用 15～30 毫克/千克 2,4-D 药液点雌花柱头和花托，在药液中加入少量红墨水，以区分授粉与未授粉的雌花，防止重复点花形成畸形果。根瓜应及早采摘。⑤病虫防治。主要虫害有白粉虱、蚜虫等，采用灭扫利喷药防治。主要病害有灰霉病，一般用扑海因、速克灵等农药，每隔

7～10 天交替喷施。喷药时间一般在晴天 9 时左右为宜。⑥果实采摘。一般从 11 月底开始采收，到翌年 3 月底结束。每室产西葫芦 6 000 千克。

(2)早春番茄栽培 品种为 1402。12 月上旬在温室内育苗，幼苗具 2～3 叶时分苗，株行距 10 厘米×10 厘米。苗龄为 85 天，长至 8～9 片叶时，于翌年 3 月上旬，在西葫芦行间定植，行距保持不变，株距 35 厘米，每室栽 2 000 株，折合每 667 平方米栽 2 220 株。管理措施主要是整枝打杈，用 15 毫克/千克的 2,4-D 药液进行点花。

早春番茄栽培重点防治病毒病，须提前防治，一般采用 20%病毒 A、植病灵及蜜肽霉素交替喷施。

番茄从 5 月初开始采摘，收获期可持续到 7 月底。每株 3～5 穗，每穗 0.5 千克以上，每室产量达 6 000 千克以上。

(3)秋芸豆栽培 7 月中旬整地种芸豆，选用寿光地方品种老来少。行距保持不变，穴距为 20 厘米，每室播 500 穴，折合每 667 平方米栽植 4 000 株，产量 1 500 千克。

72. 什么是日光温室西葫芦套作苦瓜栽培技术模式？

寿光市菜农充分利用苦瓜和西葫芦各自的生长特性，采用西葫芦和苦瓜间作套种模式，取得了每 667 平方米西葫芦和苦瓜各收入 1 万多元的经济效益，已成为寿光市西葫芦种植的主要模式。其种植技术如下。

(1)品种选择 西葫芦选择植株矮小，株型紧凑、早熟性好、耐寒、抗病性强的品种如早青一代、斯卡万、玉帅、金蜡烛、黑美丽等做接穗，黑籽南瓜做砧木，进行嫁接育苗。苦瓜选用生长势强、耐热性强、病虫害少的寿光长绿、寿光中绿、长白苦瓜、夏丰苦瓜等品种。

(2)育苗 如果西葫芦要在春节前上市,并在春节前后获得较高产量,必须在10月上旬播种,并进行嫁接。应采用操作比较简便的靠接法嫁接,此法关键要掌握好播种时间,即西葫芦与催芽后的南瓜籽同一天播种。如果南瓜籽没有催芽,西葫芦应比南瓜晚播种2天。每667平方米用西葫芦种200克,黑籽南瓜种200克,具体操作方法同黄瓜靠接法,请参阅本书第9问。

苦瓜与西葫芦同时播种育苗,苦瓜种皮厚且坚硬,必须进行浸种催芽。具体做法是:用60℃左右的热水浸种搅拌后,继续浸种12～15小时,在浸泡过程中适当搅拌搓洗,而后用净毛巾或纱布包裹,在高湿条件下催芽,温度保持在32℃,约3天可发芽。在催芽期间,每天用与催芽温度相同的温水洗1次,待80%种子出芽后播种。用营养钵育苗,在苦瓜第一片真叶展开后喷1次20～40毫克/千克的赤霉素液,可加大雌花比例,降低第一雌花的节位,提高前期产量。苗龄35天左右,在幼苗达到4叶1心时定植。

(3)整地施肥 定植前每667平方米温室施充分腐熟的鸡粪5000～8000千克,磷酸二铵100千克,氯化钾50千克,过磷酸钙100千克,将地深翻30～40厘米,将土肥混匀。南北向起垄,采用高垄栽培,垄高25～30厘米。

(4)定植 11月上旬,当西葫芦苗为5叶1心、苦瓜苗为4叶1心时定植。按大小行栽苗,大行距80厘米,小行距40厘米,西葫芦株距50厘米,苦瓜株距35厘米,苦瓜与西葫芦同时定植,每定植3行西葫芦定植1行苦瓜。采用这种栽培方式,西葫芦每667平方米栽植约1670株,苦瓜每667平方米栽植约800株。

(5)定植后管理 ①覆盖地膜。为提高地温,降低温室内空气湿度，增加光照强度，定植后要覆盖地膜。在相邻的小行间盖上地膜，扯紧压实，用刀片在薄膜上纵开口引苗出膜。②温度管理。西葫芦和苦瓜都是喜温作物，缓苗期白天温度保持28℃～30℃，高于30℃要通风，夜间保持17℃～20℃。缓苗后促根控秧，防止植株徒长，白天保持20℃～25℃，超过25℃时要通风，夜间保持10℃～15℃。西葫芦第一雌花开放后，根瓜开始膨大，可适当提高温度，白天保持22℃～26℃，夜间保持12℃～16℃。3月份，苦瓜进入结瓜期，西葫芦市场价格逐渐降低，温度管理以苦瓜的适宜温度为标准，提高夜间温度，即白天室内气温保持25℃～28℃，夜晚保持15℃～20℃。随着春季外界温度的升高，加强放风，白天室内温度超过28℃时要通风，夜间室外温度稳定在15℃以上时昼夜通风。③肥水管理。定植后至3月份，西葫芦由苗期到盛瓜期，而苦瓜一直处于苗期，此期肥水管理以提高西葫芦的前期产量和总产量为目的，即西葫芦浇过缓苗水后到根瓜长至10厘米长时一般不浇水，幼苗长至10厘米高后，每667平方米施尿素15千克，磷酸二氢钾4千克；根瓜采收后，第二条瓜膨大时结合浇水，进行第二次追肥，每667平方米追施尿素或磷酸二铵20～25千克，以后结合收瓜，每采收2次追施1次尿素或磷酸二铵。3月份以后，苦瓜进入结瓜期，肥水管理以苦瓜为主，每隔10～15天浇1次水，并随水冲施腐熟鸡粪或速效氮磷钾肥，每次每667平方米可冲施化肥20千克。④激素处理和人工授粉。西葫芦结瓜期正值深冬季节，为保持温室内温度，很少放风。为提高坐果率，必须进行人工授粉或激素处理。其方法是，每天8～10时采雄花，去掉花瓣，将雄花的花粉轻轻涂抹在雌花柱头上。也可用20毫克/千克2,4-D液或60毫克/千克防落素液涂抹柱头基部和果柄，同时加入

0.1%速克灵防治灰霉病。苦瓜也须进行人工授粉，一般在10时左右，摘取新开的雄花，与雌花进行花对花授粉，授粉后的当天至第三天，再用115生长调节剂100倍液浸蘸幼瓜。⑤植株调整。茎蔓伸长后要及时吊蔓，用细绳作牵引茎蔓上爬。可利用温室坚固支架，在温室棚膜下搭两层棚架，供瓜蔓攀缘生长结瓜。整枝方法是首先保持主蔓生长，温室北端主蔓在1.5米以下、南端主蔓在0.6米以下的侧蔓全部去掉。此后留下2～3个健壮的侧蔓与主蔓一起上棚架，再生出的侧蔓，有瓜者留蔓，并当节打顶；无瓜者从基部剪掉。5月份去掉温室塑料膜后，可放任生长。

(6)采收 西葫芦12月中旬始收，3月底至4月初拔秧。苦瓜4月初开始采收，若茬口安排许可，可采收到霜降。

73. 什么是早春西葫芦—越夏白菜高效栽培模式？

(1)早春西葫芦 ①整地施肥。结合深翻施足基肥，一般每667平方米施腐熟有机肥7 000～8 000千克，磷酸二铵25～30千克，硫酸钾15～20千克，混合后均匀撒施，深翻25厘米以上。整平做畦，畦宽40厘米，高10～15厘米，畦沟宽30厘米，畦面覆盖地膜。定植前10天左右插拱扣棚，烤地升温。②培育壮苗。选择低矮紧凑、早熟高产的抗病品种，如长青1号、黑美丽、早青一代、金元帅等，于1月上中旬用日光温室或阳畦加拱棚覆盖的方法育苗。播后棚温保持25℃～30℃，以利于出苗。出苗后白天棚温以20℃～25℃、夜间以12℃～15℃为宜。至定植前适当控制水分，低温蹲苗，增强抗性，以利于壮苗。③合理密植。待幼苗3～4片真叶时，选晴好天气定植。此时外界气温较低，定植时不宜浇大水，可采用垄顶打穴、灌水、摆苗、围土、封口的五步定植法。行株距为

70 厘米×50 厘米，每 667 平方米留苗 1 800 株左右。④田间管理。定植后逐穴灌足定植水，棚内白天温度保持 25℃～30℃，夜间保持 18℃～20℃，空气相对湿度维持在 80%左右，促根缓苗。缓苗后通风降温，白天保持 20℃～25℃，夜间保持 12℃～15℃，防止徒长。坐瓜前不旱不浇水。坐瓜后适当提高棚温，白天保持 25℃～28℃，夜间保持 15℃～18℃，满足秧、果同时生长的需求。结果期小水勤灌，保持土壤见干见湿，每 15 天追肥 1 次。每 667 平方米施磷酸二铵 15 千克，尿素 10 千克，也可每次随水冲施腐熟人粪尿 1 000 千克。开花期棚内无传粉昆虫，需进行人工授粉。若无雄花出现或因温度过低影响授粉受精时，可用 25～35 毫克/千克 2,4-D 加入 0.1%～0.2%的 50%速克灵点花。5 月上旬，外界气温稳定时揭去棚膜。西葫芦开花后 8 天左右，提早采收嫩瓜上市，以促进幼瓜生长，提高产量。

(2)越夏大白菜 ①遮荫育苗。选择耐热、抗病、生育期短、结球紧实的白菜品种，如日本夏阳、夏抗 50 等，于 5 月下旬用营养钵育苗。播后覆盖遮阳网，勤洒水，及时防治蚜虫。经 20 天左右，当幼苗具 5～6 片真叶时即可移栽。②起垄移栽。6 月上中旬西葫芦拔秧清园后及时整地，做成间距 45 厘米、宽 20 厘米、高 15 厘米的垄，结合起垄每 667 平方米于垄下条施尿素 15～20 千克，磷酸二铵和硫酸钾各 20～25 千克。选阴天或晴天傍晚带土移栽，在垄上按 30 厘米株距挖穴定植，每 667 平方米栽植 3 300～3 500 株为宜。栽后覆盖遮阳网，昼夜通风，降低棚内温度。③水肥管理。夏白菜生育期短，全生育期约 70 天，水肥管理应一促到底。定植后浇水1～2 次，以利于缓苗。生长期间要小水勤浇，降低地温，保持土壤潮湿。缓苗后，每 667 平方米穴施尿素 15 千克，莲座期、结球初期随水追施尿素20～25千克。④病虫害防治。夏季高温，病虫危害较重，病害主要有病毒病、霜霉病、软腐病，虫害有蚜虫、菜青虫、小菜蛾等，应根据虫口密度，及时选用万灵、大功臣、避蚜雾等交替喷洒防治，同时提前喷施植病灵、新植霉素、甲霜灵锰锌、克露等防治病害。也可加盖防虫网，以减少病虫危害。⑤适时采收。越夏白菜收获期不严格，定植后40天左右，叶球基本形成时，即可根据市场需求采收上市，以取得较高经济效益。

74. 什么是日光温室西葫芦—豇豆—白菜高效栽培模式？

山东省寿光市圣城街道农民林圣业在多年日光温室种植的实践中，探索出冬春茬西葫芦—伏豇豆—早熟白菜1年3茬高效种植模式，每667平方米年产值2.5万元以上。现将这一种植模式介绍如下。

(1)冬春茬西葫芦 ①播种育苗。选用坐瓜早、结瓜密、优质、抗病品种早青一代、EX-17西葫芦、黑美丽、吉美等，于10月上旬播种。播前将西葫芦种子用55℃～60℃温水烫种15～20分钟，再用清水浸泡5～6小时，然后在25℃～30℃条件下催芽，露白后即可播种。用云南黑籽南瓜做砧木嫁接，与西葫芦同期播种，播前黑籽南瓜种子用3%双氧水浸泡8小时。西葫芦、黑籽南瓜分别播种后覆土1.5～2厘米厚，用地膜覆盖，分别支小拱棚。白天保持25℃～30℃，夜间13℃～15℃，出苗后揭去地膜，适当通风，用温、湿度调节西葫芦和黑籽南瓜的生长速度，以便嫁接时相匹配。②嫁接。采用靠接法嫁接。嫁接过程和嫁接苗的管理措施参阅本书第9问。嫁接后15天左右西葫芦断根，待嫁接苗具3叶1心时定植。③田间管理。定植前温室内每667平方米施腐熟有机肥5 000千克，磷酸二铵30千克，尿素20千克，硫酸钾20千克，深翻耙匀，做马鞍形高垄，垄宽90厘米，垄沟宽30厘米。11月上中旬定植，大行距70厘米，小行距50厘米，株距30～35厘米，每667平方米栽3 000株左右，地膜覆盖，然后去掉嫁接夹。白天棚温保持22℃～25℃，夜间保持10℃～15℃。雌花开放时用浓度为20毫克/千克2,4-D抹花柄，以促进坐瓜。坐瓜后结合浇水每667平方米冲施尿素15～20千克，白天棚温保持23℃～30℃，夜间保持10℃～15℃。盛瓜期再追肥3～4次，每次每667平方米施尿素15～20千克，磷酸二氢钾5～10千克。④病虫害防治。发现病虫害及时防治。用10%吡虫啉可湿性粉剂2 000倍液防治蚜虫，用1.8%阿维菌素乳油2 000倍液防治潜叶蝇。用70%甲基托布津800倍液防治白粉病，用50%速克灵可湿性粉剂2 000倍液或50%扑海因可湿性粉剂1 500倍液防治灰霉病。

(2)伏豇豆 ①播种、田间管理。选用抗病、耐热、生长势强的品种之豇28-2于3月上旬播种，营养钵育苗，每钵播种3粒。4月上中旬定植于西葫芦行间，穴距20厘米，每667平方米栽5 500穴。5月上旬西葫芦拉秧后，加强豇豆的肥水管理，每667平方米施复合肥30千克，去掉棚膜，引豇豆上棚架。6月上旬结荚后每667平方米追施碳酸氢铵50千克，6月中旬开始采摘上市，7月中旬每667平方米追施碳酸氢铵50千克，8月中旬采收结束。②病虫害防治。用10%吡虫啉可湿性粉剂2 000倍液防治蚜虫，用1.8%阿维菌素乳油2 000倍液或2.4%阿维·高氯粉1 000倍液防治豆野螟。用70%甲基托布津800倍液或25%粉锈宁可湿性粉剂1 000倍液防治叶斑病、锈病。

(3)早熟白菜　①播种、田间管理。选择耐热、早熟、抗病品种夏丰或夏阳。8月中旬豇豆拉秧后，每667平方米施腐熟有机肥3000千克、复合肥50千克，深翻细耙，做80厘米宽的小高垄，垄沟宽30厘米。每垄播2行，行距45厘米，穴距30厘米，每穴播种5～6粒，每667平方米播种4000穴左右。出苗后及时间苗、除草，4～5叶期定苗，每穴留1株健壮苗，莲座期每667平方米追施碳酸氢铵50千克，追后浇水，促进生长。11月上旬采收。②病虫害防治。用10%吡虫啉可湿性粉剂2000倍液防治蚜虫、飞虱，用1.8%阿维菌素2000倍液或5%抑太保乳油1000倍液防治菜青虫、夜蛾类害虫。用25%甲霜灵可湿性粉剂800倍液或25%瑞毒霉可湿性粉剂800倍液防治霜霉病，用200毫克/千克农用链霉素或菜丰宁50倍液防治软腐病。

75. 什么是日光温室芸豆—甘蓝—飞碟瓜高效栽培技术模式?

该模式由寿光市农业高科技园区试验成功。春茬芸豆于1月中旬育苗，2月中旬定植，4月上旬开始采收嫩荚，6月底采收完毕，每667平方米产嫩荚3000千克。甘蓝于7月上中旬直播，9月上旬收完，每667平方米产量2000千克。秋茬飞碟瓜在8月中旬育苗，9月中旬定植，10月底开始采收，翌年2月上旬采收完毕，每667平方米产量4000千克。三茬纯收入16600元。

(1)春茬芸豆　①品种。选用寿光地方品种老来少。②育苗。1月中旬将催芽后的种子播于营养钵内，苗床加盖小拱棚保温。③定植前施肥。每667平方米施腐熟有机肥5000千克，过磷酸钙25千克，钾肥15千克。④定植及定植后管理。在2月中旬定植，采用高垄地膜覆盖栽培法，垄高20～23厘米，大小行种植，大行70厘米，小行50厘米，穴距28～30厘米。每穴双株，每667平方米栽6 800～7 300株。定植后前期注意保温，结荚前进行蹲苗，浇水做到“干花湿荚”，整个生育期追肥2次，初荚期和盛荚期每667平方米各施撒可富复合肥50千克，后期要进行根外补肥。⑤病虫害防治。病害主要是炭疽病、锈病，可用50%多菌灵500倍液或15%粉锈宁1 500倍液防治；虫害主要是后期的蚜虫、红蜘蛛，可用10%吡虫啉1 500倍液或1.8%的阿维菌素3 000倍液防治。

(2)甘蓝 ①品种选择。选耐热性好的早熟品种。②播种。7月上中旬干籽直播，直播前每667平方米施优质腐熟圈肥2 000千克，磷钾复合肥20千克，每667平方米用种量为50克，播后覆细土1厘米厚。③定苗。幼苗具真叶2～3片时可定苗，定苗株行距为18～20厘米。④定苗后的田间管理。定苗后7～8天浇1次水，以保持土壤湿度。在甘蓝的全生长期内，要追肥1～2次，每667平方米施尿素10～15千克。⑤采收。9月上旬采收完毕。

(3)秋茬飞碟瓜 ①育苗。8月中旬，为了减少病毒病发生，在温室外搭小拱棚并用纱网覆盖育苗。播种前用3年未种过瓜类蔬菜的肥田土和有机肥各5份配制营养土，装入直径为10厘米的营养钵备用。为防止病毒病，采用10%磷酸三钠药剂浸种20分钟，而后用清水冲净，然后浸种催芽，2～3天即可出芽，待85%种子露白后播种，上覆细湿土3厘米厚。播后注意盖塑料膜防雨，每10天喷1次20%病毒A和吡虫啉防治蚜虫，预防病毒病。②整地施肥。每667平方米施腐熟鸡粪5 000千克，磷酸二铵50千克，硫酸钾20千克，深翻细耙，使土、肥混合均匀。做15厘米的小高垄并覆盖地膜。行、株距分别为100厘米和50厘米。③定植。于9月中旬定植，定植后浇1次大水，7天后再浇缓苗水，行间进行中耕松土。④定植后管理。为防止徒长，结合中耕，控秧促雌花。当大多数瓜坐住后，结合浇水每667平方米施15千克尿素，此后，保持土壤湿润。半个月后再追施撒可富复合肥30千克，以后根据情况再追施尿素，每667平方米施15千克。10月上旬要把棚膜封严，白天保持28℃～30℃，夜间15℃～18℃。深冬期间白天保持23℃～25℃，夜间不低于10℃，大雪后要减少浇水次数，并注意保温。⑤植株调整。及时打掉所有侧蔓、卷须和雄花以及一些老叶、病叶。⑥保果及采收。用20～30毫克/千克2,4-D溶液涂果柄，结合去雄花抹雌花，增产效果更好。当果径为10～12厘米，果重为180～250克时及时采收上市。⑦病虫害防治。飞碟瓜常有病毒病和灰霉病等发生，病毒病用蜜肽霉素或病毒A防治，灰霉病用速克灵或扑海因防治。虫害主要为蚜虫和白粉虱，可用吡虫啉防治。

第二部分 南 瓜

一、南瓜育苗技术

76. 南瓜育苗所需营养土如何配制？

配制营养土的原料主要有两种：一是土壤，二是肥料。土壤最好用肥沃的大田土而不用菜园土，以避免重茬而将病原物、虫源带入苗床；肥料分迟效肥和速效肥两种，迟效肥供应育苗后期秧苗所需营养，速效肥供前期秧苗生长所需，迟效肥可用圈肥、马粪、堆肥、河泥、塘泥等，有条件的可以使用草炭土。所有有机肥在使用前必须充分腐熟发酵，促进有机物分解为可被秧苗直接吸收利用的物质，同时通过高温消毒消灭肥料中的虫卵和病原微生物，减少苗期病虫害。营养土的配制比例为肥沃的大田土 5～6 份，有机肥 4～5 份，混合、过筛，在每立方米混合土中，另加入过磷酸钙 1～2 千克，草木灰 5～10 千克，磷酸二铵 1～1.5 千克，50%多菌灵粉剂 80～120 克，根结线虫严重的地块每立方米混合土还应加入 10%福气多颗粒剂 60～80 克，堆放 7～10 天后施用，应充分拌匀撒施在育苗床上，要求播种苗床营养土厚 10 厘米，分苗苗床营养土厚 12 厘米。营养土的组成比例与配制过程见图 2-1。

77. 南瓜种子处理有哪些方法？应注意哪些问题？

播种前，最好对种子进行药剂处理或温汤浸种，以消灭种

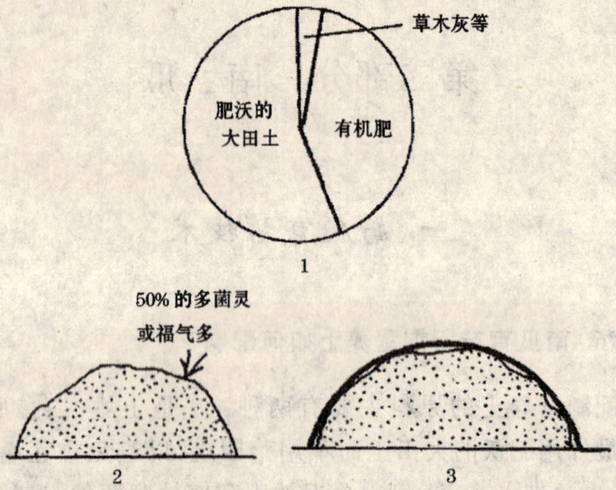

图 2-1　营养土的组成比例与配制过程

1. 床土组成　2. 床土加入消毒剂　3. 覆盖塑膜堆制

子表面携带的病原菌。种子处理方法主要有以下两种。

(1)温汤浸种　浸种时首先将种子放入足够量的清水或4%盐水中浸泡，去掉漂浮在水面上的不成熟种子，然后将种子浸入预先准备好的 50℃～55℃温水中，水量以浸没种子为宜，并不停地搅拌，直至水温降至 30℃左右时停止搅拌，浸泡4 小时。浸泡时间要根据种子的饱满程度来决定，种子饱满、成熟好的种子，浸泡时间可以稍微长些，种子饱满度差的，浸泡时间就要相对短一些。将种子捞出后，用清水洗净并控干水分，直接播种即可。如果催芽，用湿润的纱布或毛巾将种子包裹好，放在温暖的地方，温度保持在 25℃～30℃，2～3 天出芽后即可播种。

(2)药剂浸种　为了预防病虫害的发生，防止种子传播病害，可用药剂浸种。对不同的病害应用不同的药剂防治：①为了防治病毒病发生，可用磷酸三钠和氢氧化钠浸种，使病毒的活性钝化，一般用10%磷酸三钠溶液或2%氢氧化钠溶液浸种15～20分钟（浸种前先用清水浸泡4～6小时，下同）。②为了防止炭疽病和细菌性斑点病，可以用1%硫酸铜溶液浸泡，也可用福尔马林150倍液浸种10分钟。③用1%次氯酸钠浸泡5分钟，可以杀死种子表面所带的早疫病、炭疽病等多种病菌。④用200毫克/千克农用链霉素浸种25分钟，对防治疮痂病、青枯病等效果较好。药剂浸种具体操作过程见图2-2。

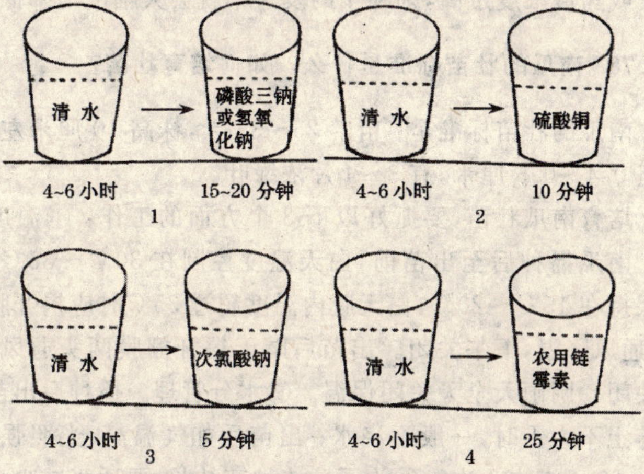

图2-2 南瓜种子药剂消毒操作过程

1. 防治病毒病 2. 防治炭疽病和细菌性斑点病
3. 防治早疫病、炭疽病 4. 防治疮痂病、青枯病

南瓜在进行温汤浸种或药剂浸种时，要注意以下事项：①在用药剂进行浸种之前，一定要清水预先浸4～6小时，然后再用药剂浸泡。从药剂溶液中捞出后，用清水洗干净种子，

然后直接播种或进行种子催芽。②在催芽过程中要经常翻动种子，并且保证每天清洗种子1次，使种子受温均匀，保持良好的透气环境。③在用清水浸泡种子时，可以在清水中加入0.05%的稀土或0.02%的硼酸、硫酸铜、硫酸锌、硫酸锰等微量元素，有利于提高幼苗的生命力，促进早熟丰产。④在药剂浸种时，一定要严格控制好浸种时间和药液浓度，才能达到杀死病菌而种子又不受损害的目的。如果浸种时间过短或药液浓度过低，均不能起到杀死病菌的作用；相反，如果浸种时间过长或药液浓度过高，则种子的发芽率就会大幅度地降低。

78. 南瓜的壮苗标准是什么？如何培育壮苗？

南瓜的壮苗标准是：苗龄25～35天，株高10厘米左右，茎粗0.4～0.5厘米，有3～4片浓绿叶。

培育南瓜壮苗，要抓好以下3个方面的工作：①温度控制。南瓜播种后至出苗前，白天温度控制在30℃～35℃，夜间保持在15℃～20℃，白天膜内温度超过35℃时应揭开膜两头，通风降温，下午关闭。出苗后晴天揭开棚膜两头通风，下午关闭。阴雨天全天关闭保温。②水分管理。播种后出苗前营养土不太干时，一般不浇水；出苗后如气温高、光照强，每隔1～2天浇水1次。③为了防止秧苗徒长，要适当减少育苗密度，及时通风，夜间适当降低温度，少施氮肥，增施磷、钾肥。

二、南瓜栽培管理

79. 日光温室南瓜栽培如何进行植株调整？

(1)整枝　分为单蔓整枝、双蔓整枝和三蔓整枝三种方式。这3种整枝方式是严格控制蔓数和结果部位的精确栽培，分述如下：

一是单蔓整枝。早熟品种、密植栽培的和利用吊架种植的南瓜多采用此法。摘除全部侧枝，只留主蔓结瓜，在留足一定数量的瓜后摘心。吊蔓栽培可采用此法。

二是双蔓整枝。有两种方法：一种是保留主蔓，在基部留1条长势相当的子蔓，其余子蔓尽早摘除；另一种方法是主蔓在第五至第七节时摘心后进行整枝，留下2个侧枝，每条侧枝留1～2个果，在第二果上留2～6片叶，其余全部摘除。爬地栽培和吊蔓栽培均可采用此法。

三是三蔓整枝。主蔓在第五至第七节时摘心后进行整枝，留下3条侧枝，每条侧枝留1～2个果，在第二个果上留2～6片叶，其余全部摘除。爬地栽培可采用此法。

(2)压蔓 压蔓有固定叶蔓的作用。压蔓前要先理蔓，使瓜蔓均匀地分布于地面，当蔓伸长至0.6米时进行第一次压蔓，在蔓旁挖1个7～9厘米深的浅沟，将蔓轻轻放入沟内，再用土压好，露出生长顶端12～15厘米，以后每隔0.3～0.5米长压蔓1次，共压3～4次。对于实行高度密植栽培的早熟南瓜，可以压蔓1次或不压蔓，采用支架式或吊蔓栽培的需压蔓1～2次或不压蔓。

(3)引蔓 采用支架或吊蔓栽培的南瓜，上架前先让基部瓜蔓在地上生长，经压蔓1～2次后才引上支架或吊蔓。其具体做法如下：①交叉式，将瓜蔓互相往其相邻植株的架材上牵引。②圈藤式，将瓜蔓在其架材周围环绕一圈，然后牵引上架或吊蔓。

80. 日光温室南瓜如何进行辅助授粉？

在正常情况下，南瓜主要靠蜂类授粉坐瓜。开花期间如没有蜂类昆虫活动授粉，将严重影响坐瓜。实践证明，实行人工辅助授粉或熊蜂传粉是提高坐瓜率以增加产量的有效措施。

(1)人工辅助授粉方法 在南瓜开花期间，于7～10时直接采摘当天开放的雄花，剥去花冠将雄蕊的花粉涂抹在雌花的柱头上，1朵雄花可供2～3朵雌花授粉，保证每根藤蔓结瓜1个。

(2)熊蜂传粉 在日光温室等保护地栽培中，可利用熊蜂等蜂类进行授粉，这样做既无污染，又省工。熊蜂利用其独特的振动功能用于传粉，有很强的适应性，能在10℃以下完成传粉工作，尤其适应低温和弱光照的条件下授粉。每只熊蜂每分钟访问17朵花，坐果率可达98%。具体做法是：南瓜进入开花期之前4天，将蜂箱搬入棚内，绑到日光温室中间位置的立柱上，蜂箱的进出口要朝南。靠近蜂箱放一盛满清水的容器，清水里放一些麦草，以便于蜜蜂采水，每隔3～4天换1次水。要于前立窗和天窗(顶风口)上安装20～24目防虫网，一定要把日光温室封严，防止熊蜂飞行的时候从一些缝中飞出去。每天早晨将日光温室草苫子揭起后把蜂箱的进出口打开即可。一箱熊蜂(80～100只)可满足1个普通日光温室的南瓜授粉要求。注意喷药前一天下午等熊蜂全部飞回蜂箱后，将蜂箱的进出口关闭，然后将蜂箱搬到其他地方。

81. 南瓜需肥特性是什么？其具体的施肥方法有哪些？

(1)根系吸肥特性 南瓜根系发达，主根入土可深达2米左右。一级侧根有20余条，长50厘米左右，最长可达140厘米，并可分生出三、四级侧根，形成强大的根群。主要根系群密布于10～40厘米耕层中。由于南瓜根入土深，分布广，故吸收肥水的能力也很强，具有较强的抗旱力和耐瘠薄性。对土壤要求不严格，即使种在较瘠薄的地块也能生长。在黏重、肥沃的土壤中栽培南瓜，往往因茎叶徒长而引起落花落果，产量反而不高。因此，早熟栽培宜选土层深厚、排水良好、升温快的沙质壤土为好；晚熟品种栽培宜选择保水保肥力强的壤土种植，适宜的土壤 pH 为 6.5～7.5。在土壤肥力充足时，应合理密植，及时整枝、摘心，可充分利用肥力获得高产。

(2)南瓜需肥动态 南瓜不同生长发育阶段对养分的吸收量和吸收比例各异。幼苗期需肥较少，进入果实膨大期是需肥量最大的时期，尤其是对氮素的吸收急剧增加，钾素也有相似的趋势，而对磷吸收量增加较少。据日本宫崎研究表明，南瓜从定植到拉秧的 137 天中，前 1/3 的时间内对五要素（氮、磷、钾、钙、镁）的吸收量增加缓慢，中间 1/3 的时间增长迅速，而最后 1/3 时间内增长最为显著。全期五要素的吸收量以钾和氮最多，钙居中，镁和磷最少。产量的增加与五要素吸收的总趋势是完全一致的，也是在最后 1/3 的时间内迅速上升。生产 1 000 千克南瓜需吸收氮（N）3.5～5.5 千克，磷（P_2O_5）1.5～2.2 千克，钾（K_2O）5.3～7.29 千克。南瓜对厩肥和堆肥等有机肥料有良好的反应。

南瓜生长前期如氮肥过多，易引起茎叶徒长，头瓜易脱落；如过晚施用氮肥，则影响果实膨大。

(3)施肥 一是基肥。以有机肥为主，配合氮、磷、钾复合肥。常用的基肥有厩肥、堆肥或绿肥等，用量较大，一般占总施肥量的 1/3 至 1/2，每 667 平方米施有机肥 3 000～4 000 千克。磷、钾肥全部或大部分作为基肥，并与有机肥混合一起施入土层中，在有机肥不足的情况下，每 667 平方米补施氮、磷、钾复合肥 15～20 千克。基肥有撒施和集中施用两种方法。

撒施时，一般是结合深耕进行，均匀撒施有机肥或复合肥以后，用旋耕机耕翻2次，使肥料与土壤均匀混合。在肥料较少时，一般采用开沟集中条施，将肥料施在定植行内。二是追肥。追肥以速效性氮肥为主，配合施用磷肥和钾肥。追肥量一般占总施肥量的1/2至2/3。追肥时要根据南瓜不同生育期所需氮、磷、钾量的不同而分批进行。苗期追肥以氮肥为主，目的是促进秧苗发棵。一般每667平方米施尿素5～8千克。结果期不仅需供应充足的氮肥，同时要求及时补充磷、钾肥，以保证果实充分膨大。一般在坐果以后，每667平方米施尿素10～15千克，硫酸钾5～10千克，共追施1～2次。追肥时应注意施肥位置，苗期追肥应靠近植株基部施用，进入结果期，追肥位置应逐渐向畦的两侧移动，一般进行条施。在石灰性土壤上，氮肥应遵守深施覆土的施肥原则，特别是碳酸氢铵，一定要深施到地表6厘米以下再覆土，以免肥料挥发而降低肥效。硫酸铵、尿素等稳定的氮肥，可采用撒施结合灌水进行追肥。在南瓜生长的中、后期，根系吸收养分的能力减弱，为保证南瓜生长发育的需要，可采用根外追肥方式以补充养分。喷施的肥料可用0.2%～0.3%尿素、0.5%～1%氯化钾、0.2%～0.3%磷酸二氢钾等，一般每7～10天喷施1次，几种肥料可交替施用，连喷2～3次。

82. 什么是南瓜多株并接增产技术？

将两株或多株南瓜的主蔓并接在一起，长出一个新的主蔓，由多条根系供给养分，这样可使南瓜的产量成倍增长，品质也能大幅提高。其技术要点如下。

(1)挖穴定植 定植前10天左右挖穴，穴坑的大小和深度是常规栽培的1～2倍。穴内多施有机肥料，并增施磷、钾肥，将肥土混合均匀后覆土填满穴坑，使之稍高于地面。每穴栽植南瓜苗2～4株。

(2)削口并接 南瓜苗主蔓长到60厘米长时进行并接。先用利刀斜着削去相邻两株瓜苗主蔓的尖部，削口的断面要相对并且吻合，形状、大小要基本相同，然后将两个断面合好、扎紧，同时抹去接口下部各株上的侧蔓和侧芽。经过2～3天，接口即可愈合并长出新蔓。多株并接的，先并接好2株，待新主蔓长至50～60厘米长时，再以同样的方法与相邻的第三株主蔓并接。或将已并接好的相邻2个新主蔓接在一起，形成4株并接。

(3)去掉徒长蔓 徒长蔓着生在接口部位，只长蔓不开花，须及时去除。徒长蔓与新主蔓的区别是：徒长蔓位于接口下方，生长迅速，每天可长10厘米以上；新主蔓（结瓜蔓）着生在接口的背面，生长较慢，但粗壮。

(4)注意事项 ①切削和并接主蔓时应保护好削口背面的芽点，捆扎接口时应使新芽点露在外面，使芽点尽快形成新主蔓（结瓜蔓）；同时要保护好接口部位以下的叶片，以利于进行光合作用，使接口尽快愈合和新主蔓快速生长。②并接操作时应在阴天或晴天16时后进行，晴天接后注意防止烈日暴晒；并接后2天之内，切忌浇水冲刷接口，严防捆扎带松动或脱落。③新生蔓有2～3个时，只需保留1个健壮的主蔓结瓜，其余的应及时去除。④并接后的生长过程中，应注意多施磷、钾肥，少施氮肥。利用日光温室等保护地栽培时，在开花结瓜期补施二氧化碳气肥，增产效果更为显著。

83. 食用嫩茎南瓜栽培有哪些技术措施？

南瓜的嫩茎、嫩叶和叶柄均可食用。食用嫩茎南瓜栽培的技术要点如下。

(1)育苗 3月中下旬在棚室中育苗，5月中下旬采收南瓜嫩茎上市；10月中下旬育苗，棚室反季节栽培，元旦、春节期间上市。播种前先将南瓜种子放入55℃温水中浸泡2小时，捞出冲洗干净，再用70%甲基托布津可湿性粉剂1000倍液或75%百菌清800倍液浸泡2小时后用清水冲洗，在20℃～25℃条件下催芽，发芽后播种。采取简易育苗法育苗。

(2)定植 栽植地提前15天深翻晒垡。每667平方米施腐熟农家肥1000千克、氮磷钾复合肥50千克做基肥，而后整地做畦，畦宽1.6米，畦沟宽0.3米。当南瓜苗长出3～5片叶时即可定植，每畦栽2行，株距0.5米，行距0.8米。移栽时要注意保护根系，以缩短缓苗期。

(3)追肥 定植后7～10天浇施稀薄人粪尿，注意防止淋湿瓜叶。主蔓打顶后，在植株根部周围30厘米处开浅沟施入少量复合肥。每次采收瓜蔓后都要浇稀薄人粪尿，以促进枝蔓萌发。

(4)整蔓 当主蔓具8～10片叶时摘除顶芽，促生侧蔓。侧蔓长至0.8～1.2米长时即可采摘顶端0.3～0.5米嫩蔓上市。采收时每条侧蔓至少保留3～5片叶，以利于新蔓萌发，同时注意理顺枝蔓。理蔓后用土压住保留的枝蔓，以增加其吸收面积，促进枝蔓萌发。

(5)病虫害防治 南瓜病虫较少，可在选用牛腿南瓜、脚盆南瓜等抗病品种的基础上，及时用药防治。可用20%的病毒A可湿性粉剂500倍液或1.5%的植病灵乳剂1000倍液防治病毒病；可用20%三唑酮乳油1500～2000倍液防治白粉病；可用64%杀毒矾400倍液、25%瑞毒霉1000～1500倍液交替防治霜霉病。

84. 日光温室南瓜高密度落蔓式栽培有哪些技术措施?

日光温室栽培早熟南瓜始收期较露地提早50天左右,4月中旬可采第一个瓜。用"降蔓式"栽培,每667平方米可栽2 000株左右,充分利用日光温室空间,前期产量集中,而且产量高,每667平方米日光温室可收嫩瓜6 000千克左右,高产的可达7 500千克,每667平方米产值万元以上。

(1)品种选择 选择早熟、耐低温、抗病抗逆性强的品种,如日本橘瓜、东升南瓜、红甜栗南瓜和爱碧斯南瓜等。

(2)培育壮苗 12月下旬至翌年2月下旬在日光温室内用营养钵育苗,日光温室膜最好是无滴日光长寿膜。①浸种。播种前实行粒选,能晒种1～2天更好,用50℃的温水浸种,并不断搅拌令其自然冷却。浸泡6～8小时,浸泡时根据种子多少可适量加入云大120或绿风95。②催芽。浸泡后晾干用湿布或毛巾包好,放入"佳多牌种子催芽仪"催芽,也可将包好的种子放入塑料袋(或农用膜)包好置于25℃～30℃的环境中催芽。在催芽过程中,每隔4～5小时要翻动种子,待大部分种子露白时,即可播种。③播种育苗。每钵1粒,然后覆盖地膜,日光温室内套小棚保温。出苗前白天保持25℃～30℃,夜间保持15℃～18℃。如果播种后夜间遇低温,还需在小拱棚膜上再加草帘或用2～3层遮阳网保温。当70%的种子顶土后及时揭去地膜,撒适量的干细土加多菌灵弥合土缝,以利于幼苗生长,白天保持20℃～25℃、夜间保持13℃～15℃,以利于雌花早分化。育苗期间每隔7～10天分别用抗寒抗逆增产剂、云大120、绿亨一号等加0.1%磷酸二氢钾溶液喷苗,以确保幼苗健康成长。苗龄35～40天,单株具4～5片真叶时及时定植。

(3)整地做畦，施足基肥　高密度栽培比一般爬地栽培需肥量更大，于定植前1个月整地做畦，畦宽1.5米。每667平方米基施腐熟鸡粪1 500千克，沟施三元复合肥80千克和尿素20千克。

(4)及时定植　定植前1天在苗床上喷施抗寒抗逆增产剂和磷酸二氢钾溶液或云大120加绿亨1号。于2月中旬至3月上旬选晴天定植在日光温室内，每畦栽2行，株行距0.5米×0.5米，每667平方米栽2 000株左右。

(5)田间管理　①温度调节。定植后5～7天以保温保湿为主，要密切注意天气变化，如遇晚上温度低，还需在小拱棚膜上加盖草帘或2～3层遮阳网。②整枝落蔓。一般栽后20天左右可撤去小拱棚，及时淋施加有少量尿素(每667平方米加5千克左右)的粪水，施药防病促长，先用药为抗寒抗逆增产剂加磷酸二氢钾溶液，以后每7天左右轮换用云大120、绿风95、瓜类植宝素等加磷酸二氢钾喷洒。当苗长到1米左右时剪掉根部3～4片老叶和侧蔓，以主蔓结瓜，侧蔓还能卖上好价钱。每株插一根2米左右的小竹竿，进行第一次引蔓，将主蔓以逆时针方向绕着竹竿，5～6天后再次绕蔓。平时注意吊蔓，也可用吊绳吊架。第一个瓜开花时，8～9时用果霉清或2,4-D进行辅助授粉。当瓜长到200克左右时，采收上市能卖出好价钱。如发现病瓜应及时采掉，当主蔓长到竹竿顶端，先打掉第一个瓜下面的老叶，进行第一次降蔓，用手轻轻将主蔓往下拉，一般降到第二个瓜离地20厘米左右，再追肥、喷药。第二个瓜一般可待长大到400克左右再采，第二个瓜采收后及时剪掉第二个瓜下面的老叶。用此方法可进行多次降蔓，多次采收，一般单株可采嫩瓜10～15个。每667平方米产量6 000千克以上。

落蔓时应注意以下几个问题：一是落蔓时间要适宜。选晴暖天午后，茎蔓含水量低、组织柔软时落蔓，以避免和减少落蔓时伤茎。二是落蔓动作要得当，要将南瓜茎蔓轻轻从架上解开落下，盘绕茎蔓时要随着茎蔓的弯向把茎蔓打弯，避免折断或扭裂茎蔓。三是落蔓前适当控制浇水，以降低茎蔓组织中的含水量，增强茎蔓组织的韧性。落蔓后加强肥水管理，以促发新叶。另外，追肥时宜采用地面冲施法补充肥料；浇水宜采取小水勤浇的方法，避免大水浸泡茎蔓。四是温度管理要稍高点。落蔓后的几天里，要适当提高温室内的温度，促使茎蔓伤口愈合。

85. 花用南瓜栽培有哪些技术措施？

(1)选用良种　①七匹叶南瓜。杭州地方早熟种。主蔓第五至第七节着生雌花，果实扁圆形，以嫩瓜、花朵供食。②黄狼南瓜。浙江绍兴地方品种。瓜长圆形，果颈较长，形似黄狼尾巴而得名。其嫩瓜色青而发黑，老瓜橙红色，表面有白色蜡粉，老瓜重 5 千克。③柿饼南瓜。武汉郊区地方品种。主蔓 15～26 节着生雌花。瓜扁圆，高 13～15 厘米。老熟瓜表面有绿色与黄色组成的花斑。肉黄色，单瓜重 5 千克左右。为晚熟品种。

(2)栽培技术　①适时播种培育壮苗。花用南瓜属耐热性较强植物，播种过早，温度低，出苗迟，生长慢，前期雌花多不利于早期花的高产；播种过晚，生育期短，遇霜易萎。播种时间以品种、地区及茬口而定。山东省寿光市在 4 月中下旬播种为宜，育苗移栽可提前到 3 月底至 4 月上旬。管理水平较高地区应采取育苗移栽方式，即在播种前做成畦面宽 1.5 米、沟深 20～30 厘米的平畦，浇足底水至畦面湿润，待水下渗后整平畦面划格播种，播后覆0.5厘米厚的过筛细土。拱棚盖膜，苗床白天温度应控制在25℃～30℃，夜间在12℃～15℃。当两片子叶拱土后要及时打开膜两头通风晾苗，防止高温烧苗和徒长。遇旱应淋水，保持土壤水分。待苗生长达30～40天即可移栽。②精细整地，施足基肥。花用南瓜对各种土壤适宜性强，但植株的面积大，蒸发量和需肥量也相应增加，要实现高产稳产，仍需选择保肥、保水力强的土壤，并施足有机肥料做基肥，结合整地每667平方米施农家肥2 000～3 000千克，并翻入土层中，以满足植株旺盛生长的需要。③合理密植。待苗具2～3片真叶时定植。花用南瓜定植密度要比瓜用南瓜密些，爬地栽培每667平方米栽1 500～1 650株，吊蔓栽培每667平方米栽3 000～3 500株。④适时追肥。花用南瓜苗期生长量小，进入花期后随着温度逐渐升高，生长量增加，所以肥水管理要适时集中。如果苗势弱，叶色淡而发黄，可结合浇水进行追肥，每667平方米追施1∶2粪水500～1 000千克或三元复合肥15～20千克，于盛花期每667平方米穴施尿素7～10千克。⑤压蔓。爬地栽培时，压蔓能生长出不定根，可辅助主根吸收养分和水分，满足植株开花结瓜的需要。其具体做法是：先开浅沟，当蔓长至0.6米左右时，将蔓埋入沟内，覆上土，生长顶端要露出12～15厘米。以后每隔0.3～0.5米压蔓1次，整个生育期应压蔓3～4次。⑥分次采收。当花开放时可分次收获。一般采收要在上午进行，此时花色鲜黄、花朵鲜嫩易销售。但采收过早，湿度大，花朵易碰碎，待湿度减小时采收为佳。

86. 日光温室秋季栽培南瓜应掌握哪些技术环节?

南瓜最适宜的栽培季节为春季。但近年来，寿光市不少菜农采用秋季栽培，尽管栽培难度较大，但经济效益较好。秋季栽培与春季栽培相比，主要是注意防止病毒病和白粉病的发生。

(1)品种选择 秋栽的南瓜品种熟性早，对光照长度不敏感，即在较长的日照条件下，其雌花发生节位较低，同时对病毒病、白粉病等有较强的抗性。目前常用的品种有红甜栗、爱碧斯、田夫、东升、夷香等。

(2)播种期 可于8月上中旬播种，并视当年夏季气候情况适当提早或推迟播种，如播种过早遇高温容易发生病毒病，并且雌花发生明显推迟。

(3)播种育苗 秋栽南瓜可采用浸种后直播，但为了保证整齐度，提倡育苗移栽。一般浸种24小时后，采用湿毛巾催芽，大约2天后新芽发生，应及时播种于直径为7～10厘米的营养钵中。也可在浸种前用病毒K 1000倍液或0.1%磷酸三钠等浸种预防病毒病。育苗的营养土宜增加草木灰用量，以提高营养土的通透性。播种育苗宜在日光温室内进行，播种后，扣上顶膜，再盖多层遮阳网降温，并用遮阳网进行畦面覆盖(如果此时日光温室未覆盖顶膜，则应搭建小拱棚覆盖薄膜，以防止雨水直接冲击)。待苗顶出土面即可除去小棚膜和畦面遮阳网。待苗长至1叶1心至2叶时可采用双层遮阳网或遮阳网加黑色膜进行8小时短日照处理。一般在8时左右覆盖，16时左右掀去，如此进行短日照处理可促进雌花的提早发生。待秧苗长至2叶1心时即可定植，整个育苗期要求在日光温室避雨条件下进行。

(4)定植 定植宜在阴天或晴天傍晚进行，每667平方米栽1200～1600株。定植后浇点根水，并可选用银、黑双色地膜或白、黑双色地膜进行覆盖，也可采用麦草铺盖畦面以阻止地温上升，并减少土壤水分蒸发，然后覆盖棚膜。有条件的可在日光温室顶部通风口和前窗覆盖防虫网，以防止蚜虫等虫害侵入。覆盖防虫网前，应对日光温室喷洒药剂。

(5)田间管理 ①温度管理。定植后，最好在日光温室膜上加盖遮阳网，以降低温度，促进缓苗。缓苗后若气温不高，则可拆除遮阳网。进入10月上中旬后，植株开始坐果，但气温逐渐下降，可拆除日光温室顶部通风口和前窗的防虫网，改用农膜覆盖。此时，白天外界气温尚高，所以，当日光温室内温度达到30℃左右时，应通风降温。进入11月上旬后，冷空气频繁，需要注意日光温室的保温，可在日光温室内覆盖二道膜。②植株调整、吊架整枝。采用短日照处理的南瓜植株，其雌花着生节位有所下降，但一般仍较春季栽培的着生节位高。在管理上，应在植株蔓长80～100厘米时引蔓上架，可使50厘米左右的瓜蔓爬于地面，仅将其生长点引上瓜架。同时，根据定植密度，适当整枝，保留1蔓或2蔓。进入10月中旬后，可将植株基部的老叶摘除，以利于通风透光。当植株坐稳2～3个瓜后，在坐瓜位置以上3～5叶处打顶。③肥水管理。吊架引蔓前，当时的天气温度高、比较干燥，应供应充足的水分，可在傍晚浇水，并在搭架前结合浇水施肥1次，每667平方米用复合肥15千克。吊架以后，若土壤干燥，同样需要补充水分，在第一个瓜坐稳后，可再追1次肥，即每667平方米用复合肥15千克或腐熟饼肥50千克。此后，一般不必追肥。④人工授粉。南瓜秋季栽培需要进行人工授粉，以提高坐果率。也可用防落素点花，具体方法参阅本书第80问。⑤病虫害防治。病毒病是秋季南瓜栽培的主要病害，主要靠综合管理来促进植株健康生长，从而抑制病毒病的发生。此外，秋季南瓜栽培还容易发生白粉病、灰霉病、菌核病以及斑潜蝇、蚜虫、红蜘蛛、茶黄螨等病虫害，宜及早防治。

(6)采收 秋季栽培的南瓜，一般在10月下旬至11月初进入采收期，可根据果实大小及市场行情及时采收。通常可采收至12月中旬前后，保温条件较好、管理水平高的可一直采收至元旦。

87. 日光温室内如何培育南瓜盆景？

(1)选种 培育盆景南瓜的关键一环是选种。应选择抗病虫害的品种，如金童、玉女、电灯泡、黄飞碟、白蛋、白飞碟、老鼠瓜、玲珑、鸳鸯梨、钟乳石、金星、五福、龙凤瓢等。

(2)浸种催芽 把经过消毒的种子放入30℃～40℃的温水中浸泡4～6小时，然后将种子从水中捞出，沥干种子表面的水分，再用洁净的纱布包好，保持湿度，在30℃～35℃下催芽2～3天。

(3)营养土配制 取50%的草炭土、30%的猪粪、20%的肥沃田园土，可加入0.5%的复合肥，混合均匀后备用。

(4)育苗与移植 把调制好的营养土装入营养钵内，用水灌透。再将发芽的种子放入营养钵内，覆细土2厘米厚。再把调制好的营养土装入大小不等的盆中，待营养钵内的南瓜苗长出2～3片真叶时定植到盆中。

(5)定型 定型是关系到盆景美观与否的重要因素。目前常采用两种定型方法：一种是矮化型，架子为60厘米左右，可制成单支架或双支架。另一种是爬蔓型，架子为100厘米左右，可制成螺旋形、圆筒形、桥形、塔形等。支架和造型也可按照各人的喜好随意变化。以桥形为例，高为100～120厘米，宽为80～90厘米，大致制成一个长方体，上方为拱桥形，下方两端各放1盆南瓜，两盆之间的空隙用玻璃制成一个小水槽，再放上几条金鱼。这样，便成为有水、有鱼、有绿树、有蓝天的微型精美景观。

(6)病虫害防治 加强管理，利用低残留农药防治病虫害。

以上方法同样适用于西葫芦(特别是黄皮西葫芦)盆景的培育与制作。

三、南瓜名优品种与栽培要点

88. 红甜栗南瓜有什么特点？其栽培技术要点是什么？

(1)特征特性 德丰种业有限公司选育。早熟品种，生长势稳健，全生育期80天。果实扁圆形，果面深黄至红色，果色美丽。果肉橙红色，肉质紧细、高粉、少水，品质极佳。易坐果，单株可坐2～3个果。单果重1.5千克左右。每667平方米产量2 000千克。是进口同类品种理想的替代品种。该品种适应各地露地及保护地栽培。

(2)栽培要点 ①栽培方式。早春栽培，1月上旬至2月上旬播种育苗，2月中旬至3月中旬定植。单行种植，株行距为0.5米×1米，每667平方米栽1 300株左右。②环境调控。白天温度维持在25℃～28℃，30℃以上即要通风，夜间棚温不能低于10℃～12℃。③肥水管理。定植前一定要施足基肥，一般每667平方米施农家肥1 000千克，三元复合肥50千克，过磷酸钙40～50千克或钙镁磷肥25～30千克，钾肥10千克，尿素15千克。幼瓜坐稳后、膨瓜中期各追肥1次，每667平方米每次施三元复合肥15千克，可结合浇水进行。坐瓜后叶面喷施微肥2次，以提高产品品质。视土壤墒情浇水，保持土壤见干见湿。采收前15天停止浇水。④植株调整。以侧蔓结瓜为主，主茎具5叶时摘心打顶，选留基部长势最旺的侧蔓2～3条，每侧蔓去掉第一个瓜后选留1～2个瓜，每株留2～3个瓜。侧蔓从留最后一个瓜算起，在第十片叶后打顶，保留侧生枝叶。花期选择第十节以后的雌花进行人工授粉。以后可每隔2～3节留1个果，每株留3个果。授粉一般在8时之前进行。

89. 爱碧斯南瓜有什么特点？其栽培技术要点是什么？

(1)特征特性 从日本泷井种苗株式会社引进。早熟品种，生长势稳健，果实扁圆形，果面暗绿色，果色美丽。果肉浓黄色，肉质紧细，带有粉质，品质极佳。易坐果，单株可坐2～3个果，坐果后40～50天达到完熟。单果重1.7～2千克，每667平方米产量2 000千克。低温生长良好，适于保护地早春栽培。

(2)栽培要点 ①栽培方式。早春栽培，1月上旬至2月下旬播种育苗，2月中旬至3月下旬定植。行小高垄定植，行距为100厘米，株距为55厘米，每667平方米定植1 200株左右。②环境调控。生长温度范围为15℃～35℃，最适温度为25℃～28℃。早春低温应注意保温，避免冻害，夏秋高温季节应采用凉爽纱遮阳等设施降温。③肥水管理。定植前施足基肥，每667平方米施有机肥2 000千克，过磷酸钙20千克，硫酸钾15千克。苗期要勤浇水，促进生长。第一次追肥在定植后10～14天进行，每667平方米施尿素7.5千克，也可施用速效性液肥。待蔓长至30厘米时结合浇水进行第二次追肥，每667平方米施硫酸钾和磷酸二铵各10千克。土壤见干时及时浇水。④植株调整。当苗长到40厘米高时，开始吊蔓。吊蔓时把绳子直接绑在第三片叶的茎上，不要绑得过紧。以主蔓结瓜为主，侧蔓一般长到 10 厘米时摘去。这样有助于侧根的发生和生长。第一个瓜一般在第八节留，第八节以下的瓜及时摘除，第八节以上的瓜让其自然生长。待第二个瓜坐住后，留 2 片叶打顶，同时在第二个瓜以上选留 1 条侧蔓用来继续结瓜。

90. 日本橘瓜有什么特点？其栽培技术要点是什么？

(1)特征特性 葫芦科南瓜属，1 年生蔓生植物，株高 100～500 厘米。结果力强，单株结果 4～5 个。瓜皮淡黄色，轮纹橘红色。单果重 150～200 克。生长期 85～90 天，开花后 35～40 天可采收。品质好，耐贮藏。该品种不仅外观漂亮，观赏价值高，且果肉营养价值高。成熟果实经烘烤或蒸煮后，口感粉香甜糯。特别是在果实还没有到老熟期时，连瓜皮吃起来也粉糯香甜。该品种也可作为普通消费者每日的食疗保健点心，只需将果实切开挖出种子，置于微波炉中烘烤 3～5 分钟，就可品尝到粉香甜糯的南瓜饼。适宜春、秋、冬栽培。

(2)栽培要点 ①施肥。整地时，每 667 平方米施优质有机肥 3 000～4 000 千克，复合肥(N∶P∶K＝15∶15∶15)50 千克。进入伸蔓期每 667 平方米施复合肥 20 千克，挖穴施入。第二个瓜膨大时，每 667 平方米挖穴施入复合肥 20 千克，结合施肥浇 1 次水，第一瓜膨大后在阴天或晴天 16 时以后用 0.20％磷酸二氢钾作叶面喷施，隔 10 天喷 1 次，共喷 3 次，可防止瓜叶早衰，增强抗病性。②整枝留蔓。当瓜苗长到 5～6 片真叶时要留 5 片真叶，及时摘心打顶，打顶不可太晚，以免浪费养分，影响生长。摘心 5 天后进行整枝，留两条整齐健壮的子蔓，将其余的子蔓全部去除。当两条子蔓长到 20 厘米时，第一朵雌花出现以后隔 3 片叶出 1 朵雌花，第二朵雌花后留 3 片叶打顶，这样可以使养分集中，促使坐瓜膨瓜。子蔓出现的杈芽除第二朵雌花后留两个杈芽外，其余杈芽应及时去除。当瓜蔓长到 60 厘米时，要进行 1 次压蔓，以保持通风透光，防止刮风倒蔓、损伤瓜叶。③人工辅助授粉。必须进行人工辅助授粉才可结瓜，否则会造成落花落果，可在地头种一些其他品种的南瓜或西葫芦，利用它们的雄花进行人工授粉，也可采用坐果灵、2,4-D 等激素按浓度配比对准花心喷雾，以刺激坐瓜，这项工作要在 7 时以前进行，这样效果最佳。④适时采收，提早上市。坐瓜后 30 天即可采收，不断采收可促进连续结瓜而提高产量。管好二次瓜，产量会更高：第一茬瓜（子蔓的第二个瓜）快采完时要及时追肥、浇水，使杈芽发育旺盛，结好二次瓜。二次瓜的管理和一次瓜一样也要摘心、整枝和打杈。

91. 吊南瓜有什么特点？其栽培技术要点是什么？

(1)特征特性 吊南瓜为寿光地方品种。生长势强，分枝较多，蔓粗，节间长。叶心脏形，深绿色。第一朵雌花着生于第十四至第十六节，雌花间隔 1～3 节。瓜形为长棒形，纵径 55～80 厘米，横径 8～10 厘米，顶部膨大，种子少，果面平滑，瓜皮深绿色。果肉橙黄色，肉质细嫩，味面甜。该品种非常适宜吊蔓栽培。

(2)栽培要点 ①栽培方式。特早熟栽培，12 月上旬至翌年 1 月下旬播种育苗，1 月中旬至 2 月下旬定植。小高垄定植，行距为 90 厘米，株距为 55 厘米，每 667 平方米定植 1 300 株左右。②肥水管理。幼苗发新根开始生长时，浇 1 次透水，中耕后，覆盖地膜。植株长到 5 叶 1 心时，每 667 平方米追施尿素 15 千克，硫酸钾 5 千克，随即浇水。甩蔓后严格控制施肥浇水，加强中耕，防止徒长。当70%植株第一个瓜坐稳后，每667平方米追施腐熟鸡粪500千克。第二个瓜坐住后，再浇水1次，防止植株早衰，以利于植株第三个瓜的生长。③栽培管理。定植后，以保温增温为主，白天温度保持在25℃～28℃，夜间不能低于10℃。早春遇到寒流天气时，要加强棚温管理。甩蔓后要及时整枝打杈。单蔓整枝注意及时去掉所有侧枝，双蔓整枝一般在植株具5片真叶时打顶，留2条强壮侧枝，通过吊蔓引导植株有序生长，充分利用光照。第二或第三个瓜坐住后，留3～5片叶后应及时打顶，以保证养分供给生长中的南瓜。生长后期一方面要给瓜适当遮荫，以免强光照射发生日灼。

92. 砍瓜有什么特点？其栽培技术要点是什么？

砍瓜是近几年开发出的一个稀特蔬菜新品种。因其生长快、瓜期长、产量高、营养丰富，故受到人们的青睐。其果实生长期间，砍切一段后伤口能迅速愈合，不影响瓜的继续生长，故有"砍瓜"之称。现根据我们几年来的试验和总结，将其特征特性及栽培技术介绍如下。

(1)特征特性 砍瓜为葫芦科南瓜属中国南瓜的一个变种。植株蔓生，蔓上有卷须，攀缘向上生长。茎蔓生长势旺，一般主蔓长4～6米，最长可达10米以上。叶片大、深绿色、心脏形，叶脉交叉处有白斑。雌雄同株异花，花冠黄色，花瓣合生呈大喇叭状。主蔓、侧蔓均可结瓜。第一雌花一般出现在第十四至第十九节，以后每隔2～4片叶出现一朵雌花，并有连续出现雌花的现象。果实为长圆柱形，一般瓜长80～120厘米，最长可达150厘米，横径为11～14厘米，平均每天生长量为4～6厘米。成熟瓜一般单瓜重6～8千克，每株可结瓜 3～5 个。果皮表面平滑，嫩瓜油绿色，老熟后变黄，表面有蜡粉，果肉浅黄。嫩瓜、老瓜均可食，嫩瓜味香鲜嫩，老瓜细腻可口，蒸、煮、炒食均可。

砍瓜 3 月份播种，5 月份结瓜，日光温室等保护地栽培直到降霜前都能陆续结果，供应期特长。每 667 平方米产量在 5 000 千克以上，高的可达 8 000 千克。我国南北方日光温室、露地均可种植，适应性极广。

(2)栽培要点 ①育苗。营养土以肥沃园土和腐熟堆肥按 1∶1 的比例配制，每立方米配制土中加入三元复合肥 0.5～1 千克，50%多菌灵可湿性粉剂 50 克，混合过筛，堆沤 5～7 天后，即可装钵。播种前应对种子进行处理。首先用 50℃～60℃热水烫种 15 分钟，处理时不断搅拌种子，使之受热均匀，一定的高温有利于杀死种子携带的病菌；然后在常温下，再浸种 4 小时，搓洗掉种皮上的黏液，将种子捞出滤干用湿布包好，放在 28℃～30℃下催芽，待芽长至 0.2～0.5 厘米时即可播种。砍瓜的苗龄一般为 30 天左右，适宜的育苗播种期为当地晚霜期前 30 天左右。将发芽的种子 1 粒平放入营养钵土穴中，然后浇透水，再覆土 1～1.5 厘米厚，加盖地膜，以利于保温保湿。播种后苗床白天温度保持在 25℃～30℃，夜间保持在 12℃～15℃。当子叶拱土时，要及时揭膜通风降温，防止幼苗徒长，白天保持在 20℃～25℃，夜间在 10℃左右，并适当控制水分，保持苗床见干见湿，促进幼苗叶厚色绿，茎秆粗壮。②整地定植。定植前要深翻土地，施足基肥，每 667 平方米施腐熟有机肥 4 000 千克，三元复合肥 30～50 千克，其中 2/3 撒施地面并耕翻耙细，1/3 按定植穴所在位置开沟条施或穴施。支架栽培按行距 2 米(含畦沟)做畦，每畦栽植 1 行，株距 1 米，每 667 平方米栽 330 株左右。幼苗在

2～3 片真叶时定植为宜。定植时要选下胚轴短粗，2 片子叶肥大平展，颜色浓绿，根系发达的壮苗为好。③田间管理。砍瓜伸蔓后要搭架，架高 2 米，架材可就地选用木棒、竹竿，每株插 1 主杆，横、竖杆要绑于主杆顶端，务使瓜棚牢固。顺主杆绑缚主蔓，侧蔓及时抹除。当主蔓长到棚顶时进行摘心，留侧蔓 3 条，牵引其分布均匀。雌花开放时要注意进行人工授粉，特别是在保护地条件下进行人工授粉更有必要。授粉时间以 6～9 时为好。为了防止落花落果，可用 20～25 毫克/千克 2,4-D溶液涂于正在开放的雌花花柄上，这样可有效提高结果率。结瓜前控制肥水，防止瓜蔓徒长，促进根系发育。当植株坐住 1～2 个幼瓜时，应重施追肥，每隔 5～7 天追施复合肥 1 次，每次每 667 平方米施用复合肥 5～10 千克，注意保持畦面湿润，但畦沟不能积水。及时清除老叶、病叶，打杈，绑蔓，以利于通风透光。④采收。砍瓜嫩瓜和老瓜均可采收，嫩瓜在花谢后 10～15 天后即可采摘，这时采收的果实果肉致密，芳香清爽。老熟瓜要待皮色由绿转黄，表皮蜡粉增厚再采收，一般在花谢后 45～50 天采收。老瓜耐贮藏，贮藏方法得当一般可贮 3～4 个月，也有的可贮存半年之久。

四、南瓜病虫害防治

93. 保护地栽培南瓜常见的病害有哪些？如何防治？

南瓜经常发生的病害有霜霉病、灰霉病、白粉病、病毒病、褐腐病、绵疫病、炭疽病、蔓枯病、疫霉病、细菌性缘枯病、细菌性枯萎病等，其中霜霉病、白粉病的发生最普遍，而病毒病的发生危害最严重。病毒病常导致大量落花落果，造成歉收甚至绝产。

(1)灰霉病

【症　状】 病菌从开败的花部侵入，使花腐败。幼瓜感病后，蒂部初呈水浸状，幼瓜迅速变软，表面密生灰褐色霉层，导致果实萎缩腐烂。脱落的烂花和幼瓜附着在叶面，可引起叶片发病，形成大型的枯斑；如附着在茎上，可引起茎部腐烂。

【发病条件】 气温为15℃～27℃时均能发病，发病最适温为22℃。

【防治方法】 ①及时摘除病叶，拔除杂草，以加强通风透光。②发病初期喷施5%速克灵可湿性粉剂2 000倍液，或50%扑海因可湿性粉剂1 500倍液，或50%农利灵可湿性粉剂1 000倍液，或65%甲霜灵可湿性粉剂1 000倍液。

(2)白粉病 南瓜白粉病是一种较重的病害。俗称白毛病，粉霉病。多发生在结瓜期和成熟期，病害一旦发生，发展迅速。若不及时防治，会导致瓜叶焦黄，植株早衰，落瓜化瓜。

【症　状】 此病主要侵染叶片、叶柄，果实受害较少。发病期叶片正面或背面长出小圆形白色粉状霉点，不久逐渐扩大成较大的白色粉状霉斑，严重时整个植株被白色粉状霉层所覆盖。

【发病条件】 病菌随空气传播。发病适温为15℃～28℃，分生孢子在30℃以上或1℃以下很快失去活力，发病湿度以80%～90%为最适宜。植株过密、通风不好、过量施用氮肥、植株长势差等均易发病。

【防治方法】 要加强田间管理，及时整枝打杈，适当增施磷、钾肥，及时清除病叶病株，加强通风透光。在高湿条件下，及时喷药防治，用菌毒杀星10毫升对水15升喷施叶正面和背面，也可用15％腈菌唑4 500～5 000倍液或15％粉锈宁1 500倍液喷雾（注意腈菌唑只能喷1～2次，多次使用会抑制作物生长），还可以用30％好力克悬浮剂4 000倍液在发病初期喷施。防治白粉病效果较好的药剂还有仙生、翠贝和世高等。

(3)病毒病

【症　状】 病毒病有3种症状：一是花叶型，叶片黄绿相间；二是蕨叶，叶片呈细条状、鸡爪状；三是皱缩型，大部分是从顶端皱缩，叶片发黄。

【发病条件】 气温在24℃～28℃时，植株感病不显症状；温度高于30℃时，发病症状显露出来。特别是高温干旱有利于蚜虫迁飞和繁殖，也有利于植株发病。

【防治方法】 定植后加强田间管理，增施磷、钾肥，防治好蚜虫。消除田间杂草。播前将种子用10％磷酸三钠50克对水0.5升，浸泡3～4个小时，而后清洗播种。在发病初期用83增抗剂100倍液，或毒必克800倍液，或病毒A 600倍液，或蜜肽霉素500倍液喷洒，每7天喷1次，连喷2～3次。

(4)霜霉病

【症　状】 霜霉病俗称跑马干、黑毛病，是南瓜生长中重要病害。该病主要危害叶片，发病初期叶片上先出现水浸状黄色斑点，病斑逐渐扩大后，受叶脉限制呈黄褐色不规则多角形病斑。在潮湿条件下，病斑背面长有灰黑色霉层。该病一般由下部叶片向上部叶片发展，发病重时，病斑连成片，使叶片变黄干枯、易破碎，病田植株一片枯黄，似火烧一样。

【发病条件】 当气温为15℃～22℃、空气相对湿度大于83％时，易发病。叶面有水滴和水膜的时间达到2～6小时，病菌极易侵染叶片。

【防治方法】 ①选抗病品种，选土质肥沃的砂壤土栽培，施足底肥，特别是钾肥。结瓜期严禁大水漫灌，及时整枝、打杈，保持通风良好。对长势差的瓜秧喷叶面肥。②霜霉病通过气流传播，发病迅速，必须及时打药，一般在发病前 5 天就要预防。常用的药剂有 40%乙磷铝可湿性粉剂 500 倍液，或 50%甲霜铝铜可湿性粉剂 500 倍液，或杜邦克露可湿性粉剂 600～800 倍液。上述杀菌剂要交替施用，每 5～7 天喷 1 次，连喷 3～4 次。

(5) 褐腐病

【症　状】 该病主要症状是烂瓜。主要危害花和幼果，病菌先侵染萎蔫的花，使花变褐软腐。病菌从瓜蒂侵入后逐渐蔓延到幼果，被害的果实从顶部向下腐烂，在病果上长出黑色大头针状的病菌孢子，使果实迅速腐烂。成熟果实染病后，局部变褐软腐。该病为真菌性病害。

【发病条件】 低温高湿，日照不足，通风不好，容易发病。

【防治方法】 从开花至幼果期喷 64%杀毒矾可湿性粉剂 500 倍液，或 69%安克锰锌 1 000 倍液，或 72%克露可湿性粉剂 800 倍液，或 50%甲霜铜可湿性粉剂 600 倍液，以上药剂要交替施用。

(6) 疫霉病 南瓜疫病，俗称死秧病。发病后病株很快萎蔫死亡。对瓜类生产威胁很大，田间高温高湿易发病，尤其是浇水过量会带来惨重的损失。

【症　状】 疫霉病菌以侵害瓜根颈部为主，还可侵染叶、蔓和果实。根颈部发病初期产生暗绿色水渍状病斑，病斑迅速扩展，茎呈软腐状，有时长达 10 厘米以上，植株萎蔫、青枯死亡，维管束不变色。有时在主根中下部发病，产生类似症状，病部软腐，地上部青枯；叶片染病时则生暗绿色水浸状斑点，扩展为近圆形或不规则的大型黄褐色病斑，天气潮湿时全叶腐烂，干燥时病斑极易破裂，严重时叶柄、瓜蔓也可受害，症状与根颈部相似。果实染病生暗绿色近圆形水浸状病斑，潮湿时病斑凹陷腐烂长出一层稀疏的白色霉状物。

【发病条件】 该病由真菌侵染所致。病菌发育的适宜温度范围很广，5℃～37℃时均可发病，最适温为28℃～30℃，高湿是发病的决定性因素。施用未腐熟的农家肥，追施化肥时伤根严重，均会造成发病。

【防治方法】 ①不能重茬，轮作期3～5年；采用高垄栽培，灌水时浇垄沟，瓜根颈部不能被淹，不能浸泡在水中；切忌串灌、浸灌，更不能水淹瓜蔓。②在病害即将发生时，可用药剂灌根或喷雾。用50％甲霜灵锰锌可湿性粉剂500倍液，或64％杀毒矾M8可湿性粉剂400～500倍液，或75％百菌清可湿性粉剂600倍液，或40％乙磷铝可湿性粉剂400倍液，或70％乙磷锰锌可湿性粉剂500倍液灌根，每株灌0.25升，隔7～10天灌根1次。以上药剂应交替使用。

(7)蔓枯病

【症　状】 蔓枯病危害南瓜叶片、茎蔓和果实。叶片染病时，病斑初呈褐色，圆形或近圆形，大小10～20厘米，其上微具轮纹；蔓染病时，病斑椭圆形至长梭形，灰褐色，边缘褐色，有时溢出琥珀色的树脂状胶质物，严重时造成蔓枯，致果实僵朽不长。果实染病，轻则形成近圆形灰白色斑，大小5～10厘米，边缘褐色；发病重的开始时形成不规则褪绿或黄色圆斑，后变灰色至褐色或黑色，最后病菌进入果皮引起干腐，一些腐生菌乘机侵入导致湿腐，危害整个果实。

【防治方法】 实行轮作；进行种子消毒；采用配方施肥技术，多施腐熟有机肥；发病初期用75％百菌清或70％甲基托布津 500～600 倍喷雾。

(8)细菌性缘枯病

【症　状】 该病病原为边缘假单胞菌致病型，除侵染南瓜外，还可侵染黄瓜。南瓜的叶、叶柄、茎、卷须和果实均可受害，初在水孔附近产生水浸状小斑点，后扩大为淡褐色不规则形斑，周围有晕圈。严重的产生大型水浸状病斑，由叶缘向叶中间扩展呈楔形，叶柄、茎上病斑亦呈水浸状，褐色。果实染病先在果柄上形成水浸状病斑，后变褐色，果实黄化、凋萎，脱水后呈木乃伊状。湿度大时病部溢出菌脓。

【发病条件】 该病的发生主要受降雨引起的湿度变化及叶面结露影响。当湿度上升到 70％以上或饱和达 6～8 小时即可发病，结露时间越长发病越重。

【防治方法】 用 50℃温水浸种 20 分钟，捞出晾干后催芽播种。也可用次氯酸钙 300 倍液浸种 2 小时，或用 100 万单位硫酸链霉素 500 倍液浸种 2 小时，冲洗干净后催芽播种。选无病土育苗，与非瓜类作物实行 2 年以上轮作。加强田间管理，及时清除病叶，在发病初期或蔓延开始期可选用 50％甲霜铜可湿性粉剂 600 倍液，也可选用 72％农用链霉素 4 000 倍液或 1∶2∶300～400 倍式波尔多液喷雾。

(9)细菌性枯萎病

【症　状】 又称细菌性萎蔫病。发病初期，叶片上出现暗绿色水渍状病斑，茎部受害处变细，两端呈水渍状，病部以上的蔓和枝杈及叶片首先出现萎蔫。该病扩展迅速，不久全株突然萎凋死亡。剖开茎蔓用手捏挤时，从维管束的横断面上可溢出白色菌脓，用干净火柴棍或小刀刀尖沾上菌脓轻轻拉开可把菌脓拉成丝状。导管一般不变色，根部也未见腐烂，以此区别于镰刀菌引起的枯萎病。

【病　原】 病原为嗜维管束欧文氏菌属细菌。菌体杆状，单生或双生，不呈链状，大小1.2～2.5微米×0.5～0.7微米。具荚膜，无芽孢，周生4～8根鞭毛。革兰氏染色阴性，好气性或兼性嫌气性。在肉汁胨琼脂平面培养基上菌落圆形白色，光滑具光泽；在肉汁胨液中呈轻雾状，无菌环及菌膜，不能分解果胶，也不能液化明胶，能产生氨和硫化氢，不能还原硝酸盐，不产生吲哚。脲酶阴性，不能在5%食盐溶液中生长发育。最适生长温度25℃～30℃，最高为34℃～35℃，36℃时不生长，最低8℃；细菌在43℃经10分钟致死。

【防治方法】 ①在无病土上育苗，与非瓜类作物实行2年以上轮作，加强田间管理，生长期及收获后清除病叶，及时深埋。②施用日本酵素菌沤制的堆肥，采用配方施肥技术减少化肥施用量。③开展预防性药剂防治。于发病初期或蔓延开始期喷洒27%铜高尚悬浮剂600倍液，或50%甲霜铜可湿性粉剂600倍液，或50%琥胶肥酸铜(DT)可湿性粉剂500倍液，或60%琥·乙磷铝(DTM)可湿性粉剂500倍液，或53.8%可杀得2 000干悬浮剂1 000倍液，每667平方米用对好的药液60～75升，连喷3～4次。琥胶肥酸铜对白粉病、霜霉病有一定兼治作用。此外也可选用硫酸链霉素或72%农用链霉素可溶性粉剂4 000倍液，或1∶4∶600铜皂液，或1∶2∶300～400倍式波尔多液喷雾。用40万单位青霉素钾盐对水稀释成5 000倍液喷雾也有效。采收前3天停止用药。

(10)南瓜炭疽病 南瓜炭疽病(*Colletotrichum orbiculare*)是由半知菌亚门葫芦科刺盘孢菌引起的一种真菌性病害，在南瓜各生长期均有发生。

【症　状】 幼苗期发病，病苗子叶上出现褐色圆形病斑，蔓延至幼茎茎基部缢缩而造成猝倒。成株期发病，病叶初呈水浸状圆形病斑，后呈黄褐色，偶有同心轮纹，外围有一紫黑色晕圈。在茎或叶柄上，病斑长圆形，凹陷，初呈水浸状黄褐色，后变成黑色，病斑蔓延茎周围，则植株枯死。果实病斑初呈暗绿色水浸状小斑点，扩大后呈圆形或椭圆形，暗褐至黑褐色，凹陷，龟裂，湿度大时中部产生红色黏质物。

【传播途径】 病菌主要以菌丝体或拟菌核在种子上或随病残株在田间越冬，第二年条件适宜时，产生大量分生孢子，成为初侵染源。后病部又能形成分生孢子盘及分生孢子，造成再次侵染。病菌分生孢子传播主要依靠雨水或浇水的冲溅，故一般贴近地面的叶片首先发病。

【发病条件】 湿度是诱发南瓜炭疽病的主要因素，持续87%～95%的高湿时，病菌潜育期只需3天。湿度越低，则病菌潜育期越长。如果湿度降低至54%以下，该病就不会发生。病菌发育温度为10℃～30℃，发育适温为22℃～24℃。

【防治方法】 ①采用地膜覆盖栽培技术，可减轻病害。②发病初期每667平方米用50%多菌灵可湿性粉剂100克，或70%甲基托布津可湿性粉剂75～80克，或75%达科宁可湿性粉剂100克，或25%施保克乳油60毫升，或80%大生可湿性粉剂50～75克防治，每隔7天喷1次，共喷2～3次。

值得注意的是：由于南瓜炭疽病一般年份均可见数个病斑，但不能造成较大危害，因此不可见到病斑就盲目施药，应根据气象条件和田间观察确定是否进行防治。当田间观察已初生病斑，并且气象条件适宜，第二天观察病情有加重趋势，应立即进行防治，防治次数应根据天气情况和病情发展而定。如果施药后7天，天气晴朗，湿度下降至54%以下，病害由于气象条件不适宜而自行控制发展时可不再施药；反之，施药后7天气象条件仍处于有利于该病发生时，应继续施药防治。

(11)绵疫病 同西葫芦绵疫病，请参阅本书第48问。

94. 保护地栽培南瓜常见的害虫有哪些？如何防治？

(1)瓜蚜 瓜蚜成虫和若虫在嫩茎、嫩梢或叶背面用口针吸汁液为害。当嫩叶和生长点被害后，由于叶背被刺伤，生长缓慢，叶片卷缩，严重时卷曲成团，生长停止，甚至萎蔫死亡。瓜蚜还排泄蜜露，造成瓜面上有一层污斑，降低成品瓜的竞争能力，影响瓜的价格。更为严重的是，瓜蚜是病毒病的主要传毒媒介，瓜蚜在伸蔓期、转色期对南瓜的影响最严重。

瓜蚜的防治方法：清洁田园，清除杂草，减少越冬虫源；利用纱网育苗，阻挡蚜虫侵入为害。适期早播以减轻为害；每667平方米保护地可用杀蚜烟剂400～500克，分散放4～5堆，用暗火点燃，冒烟后密闭3小时，杀蚜效果在90%以上；可采用吡虫啉类杀虫剂，或20%氰戊菊酯3000～4000倍液，或20%灭扫利乳油2000倍液，或2.5%功夫乳油4000倍液，或2.5%天王星乳油3000倍液等药剂防治。

(2)烟粉虱 该虫的发生、为害与防治技术请参阅第57问。

(3)温室白粉虱 其识别与防治技术参阅本书第58问。

(4)南美斑潜蝇 以幼虫为害叶片，主要取食叶背面的叶肉，多从主脉基部开始为害，形成较宽(1.5～2毫米)的弯曲虫道，虫道沿叶脉伸展，但不受叶脉限制，可多虫道连成一片，形成食斑，后期变枯黄。其幼虫还为害嫩茎，在表皮下纵向取食，使植株生长缓慢，重者茎尖枯死，叶柄也受害。破坏叶内的叶绿体细胞而降低光合作用，为害严重时导致落叶。斑潜蝇在苗期、小瓜膨大期为害严重。其防治技术请参阅本书第59问。

五、南瓜生理障碍防治

95. 红皮南瓜转色不好的原因是什么？如何防止？

红皮南瓜以其外观色泽艳丽、味道香甜可口、营养丰富全面等优点而受广大消费者青睐，最近几年在市场上出现了旺销势头，因此推动了红皮南瓜的生产。但由于红皮南瓜外皮颜色的遗传特殊性，在种植过程中经常会因为各种各样的原因造成其着色和转色不良等现象。

(1)引起红皮南瓜转色不好的主要原因 ①不良的气候环境。温度过高、过低、湿度太大或空气太干燥都不利于红皮南瓜的生长。红皮南瓜转色的适合温度为28℃左右，温度过低转色慢而且成熟瓜颜色也比正常瓜要淡；温度过高，超过33℃，很容易出现黑色斑块，俗称花瓜，严重的甚至整个瓜面均呈黑色，偶见零星红点。另外，湿度太大，转色慢；空气和土壤湿度太小，容易出现花皮瓜。②土壤酸碱度不合适。适当的土壤酸碱度是南瓜正常生长的必要条件，过酸（$pH<5$）、过碱（$pH>8$）都不适合南瓜正常生长，并且使红皮南瓜出现红黑相间的花脸瓜。适合南瓜生长的土壤 pH 为 7 左右。③施肥比例不当。据试验，过量的施用氮肥，不利于南皮瓜红色基因的表达而有利于绿色基因的表达。适当的使用磷、钾肥有利于红皮南瓜的着色和转色。④光照太强或太弱。光线太弱，植株光合作用受阻，易造成红皮南瓜化瓜，也不利于红色花青素的形成，使红皮南瓜着色不好；光线太强，尤其是强光照射很容易造成红皮南瓜日灼病，使瓜失去商品性且易腐烂，贮藏性下降。防止的办法是及时打掉多余的侧枝，使南瓜植株充分通风透光，后期阳光强烈时，及时用草或叶子等覆盖瓜面，并轻轻转动瓜身，使南瓜转色更匀。⑤病虫害的危害。种植南瓜过程中，病虫害的发生是造成红皮南瓜转色不好的最主要原因之一，尤其以病毒病危害最严重。感染病毒病的南瓜植株，叶片先是失绿，接着出现皱缩、起泡，最后呈现蕨叶即鸡爪叶，严重影响南瓜植株的生长，使南瓜坐瓜率下降，商品品质下降甚至失去商品价值，红皮南瓜典型的症状是出现红黑斑相间的花脸南瓜，并且瓜面凹凸不平有瘤状突起。红色和黑色斑出现面积的大小与病毒病的严重程度、病害出现的早晚以及当时的肥水状况、气候条件等密切相关。病毒病发生严重、病毒病发生在坐瓜初期、肥水条件差、土壤和气候干燥等，都会使红皮南瓜的黑斑面积加大，甚至出现红色基因不表达，南瓜完全呈现为深黑色的现象。

病毒病发生的直接原因往往是由蚜虫、白粉虱等刺吸式口器昆虫传播病毒而引起，所以防治病毒病，最有效的方法就是防治蚜虫等有害昆虫，从而有效地切断病害的传播媒介。实践证明，防治有害昆虫的发生，可大大降低南瓜病毒病的发生和危害。

(2)防止红皮南瓜不转色的措施 ①适时播种。播种过早，红皮南瓜开始着色时，温度仍很低，转色太慢；播种过晚，转色期间恰遇高温干旱，更不利于红皮南瓜的转色。②重施有机肥，适当补充磷、钾肥。种植南瓜的地块，要重施腐熟的农家肥。红皮南瓜对氮肥比较敏感，在生长前期为了促进植株健壮，可以少施一些氮肥，但在生长中后期不可再追施氮肥，应适当追施磷、钾肥。③加强病虫害的防治。红皮南瓜品种抗病能力中等，一旦植株感染病害，生长势会受到不同程度的影响，红皮南瓜的转色对其营养条件尤其敏感。如遇到植株感染病毒病，即使是很轻微的病毒病，不管植株是否有症状表现，红皮南瓜首先出现症状，表现为不同程度的黑红相间的斑块，甚至整个瓜都变成黑色而失去商品性。所以对病毒病要以防为主，一旦感染，红皮南瓜变成花脸瓜是不可逆转的。

96. 南瓜有时开花多、结瓜少是什么原因造成的？如何预防？

日光温室种植南瓜常存在着光照不足、氮肥过量、授粉不良等诸多因素，这是造成南瓜开花多、结瓜少的常见原因。预防这种现象发生，一是要适时打顶。当南瓜蔓长到 2 米时，摘去主蔓上的生长点，使主蔓长出 3～4 个支蔓，并开花结果。二是搭建棚架。当支蔓长到 2 米以后，引蔓上架，这样可以改善透光、通风条件，从而使坐瓜率提高 40%以上。三是防止徒长。瓜蔓徒长会造成结瓜少，如在蔓上距根部 30 厘米处割开 1 条裂缝，塞进一块黑木炭，便能抑制其徒长。四是辅助授粉。先将快开放且可授粉的雌花，用瓜叶覆盖，防止薄膜滴水侵入，在翌日 9 时摘去异株上的雄花罩在雌花上，经 2～3 天后除去。

97. 南瓜缺钙时有哪些表现？如何防治？

南瓜缺钙时，植株新生部位如顶芽、根毛生育停滞，萎缩死亡，新叶粘连，不能正常展开，或展开的新叶常焦边，残缺不全；果实顶端易出现凹陷、黑褐化坏死。发病初期，幼果的芽前端（花瓣脱落的一端）果肉呈水浸状，果皮完好。随着果实的膨大，果实前端患部干缩凹陷并黑褐化，病斑处常受二次性霉菌寄生，呈烂顶状。通常在幼果期发生，膨大期结束的果实一般不再发生。

发生南瓜缺钙有以下4个原因：①土壤本身缺钙；②土壤盐分含量高，抑制根系吸收水分和养分；③土壤干旱，使土壤溶液浓度提高，减少了根系吸水，因而抑制对钙的吸收；④过量施用氮肥，尤其是过多施用铵态氮会抑制钙的吸收，南瓜缺钙发生率随着氮肥用量的增加而加大。

防治南瓜缺钙而产生的症状，要抓好以下工作：①控制肥料用量，不宜一次用肥量过高，特别是含氯化肥如氯化铵和氯化钾。②及时灌溉，防止土壤干旱。③叶面喷钙，可选用氯化钙和硝酸钙作叶面喷施，浓度为0.3%～0.5%。一般每隔7天左右喷1次，连喷2～3次即可见效。开花时宜喷在花序上下的2～3叶片。另外在喷钙时加入生长素类物质如萘乙酸，可促进钙的吸收，具体配比为0.7%氯化钙，加50毫克/千克萘乙酸，混匀后喷施。④施用石膏、过磷酸钙、钙镁磷肥等石灰质肥料。石灰性土壤一般不必单独施用钙肥，通常施用磷肥时已带入钙。

98. 南瓜果实木栓化是什么原因？如何防治？

有些南瓜在生长过程中，果皮出现木栓化，斑块形状各异、大小不一。后期斑块连片，组织硬化，表面龟裂，空气干燥时会出现龟甲状网纹。

南瓜果皮出现木栓化的主要原因是缺硼。南瓜对硼的吸收量远大于其他经济作物。因此，对于多年种蔬菜的土壤来说，如果农家肥施入量少，又不施硼肥，就容易缺硼。缓冲能力较弱的砂壤土更容易缺硼。此外，用撒石灰的方法改良土壤时，若石灰施用过多，土壤呈碱性，会降低硼的有效性，也会导致缺硼。

防治南瓜果实木栓化的方法：①增施农家肥，可改良土壤，增强土壤保水力，促进根系生长，从而提高对硼的吸收能力。②对于砂壤土、有机质含量少的土壤和多年种菜的地块，应适量施用硼肥。出现缺硼症状时，可叶面喷施 0.1%～0.25%硼砂或硼酸溶液。③合理灌溉，避免土壤忽干忽湿，以免降低南瓜根系对硼的吸收能力。

六、南瓜种植新模式

99. 什么是日光温室南瓜、西葫芦、小白菜立体套种高产高效栽培技术模式?

(1)主栽品种 采用丰产、品质佳的日本早熟橘瓜、惠比寿等，套种西葫芦品种选用早青一代。西葫芦结果期早，采收完毕可继续栽种 1 茬小白菜，其品种可选用夏阳 50。

(2)培育壮苗 南瓜和西葫芦在 11 月下旬至 12 月上旬采用小拱棚保温育苗，当幼苗具 2 片真叶时假植在营养钵中。苗期叶面喷施 2 次抗毒增产剂，第一次在 2 片真叶时喷用，第二次在 2 月初移苗定植前喷用。此时南瓜秧苗有 4 片以上的真叶，西葫芦有 5～6 片大叶，并带有花蕾。经喷药的秧苗，定植后生长健壮，抗病性较强，可提早 7～10 天结瓜。

(3)整地施肥 南瓜生长势强，产量高，需肥量大，定植前结合做畦施足基肥。每间日光温室做畦 3 条，畦面宽 0.6～0.8 米，畦中间开沟施基肥，每 667 平方米日光温室施入腐熟有机肥 4 000 千克，三元复合肥 20 千克，与土拌匀后再覆土 5～10 厘米厚，整平疏松待用。

(4)定植 根据南瓜和西葫芦的生长习性与耐低温程度的不同，选每间日光温室的中间一畦种植南瓜，每畦栽 1 行，株距 0.5 米，每 667 平方米定植 220 株；每间日光温室内其余两畦套种西葫芦，每畦种 2 排，株距 0.6 米，约种植 800 株。2 月初选晴天定植，定植后需在日光温室内套小拱棚覆地膜进行保温栽培管理。5 月底采收结束后拔除西葫芦植株，整地后播入小白菜种子，日光温室空间为南瓜藤蔓，边畦（原种植西葫芦的畦）改种小白菜。

(5)田间管理 抓好以下各项工作。

一是搭支架。为了使南瓜的藤蔓能在日光温室内充分伸展，促进生长结果，需实行半棚架式栽培。具体做法是：先在南瓜定植畦上各自搭建 2 米左右高的篱壁式支架，再在顶端横向搭平棚，宽 4 米左右，使平棚的外边与日光温室的拱杆相接，以便揭膜后使南瓜藤蔓向日光温室架材上伸展。

二是整枝绑蔓。南瓜采用单干整枝，将茎部发生的无效侧枝全部删除，以利于通风透光和减少养分消耗。在藤蔓长到 50 厘米时及时绑蔓，主蔓结瓜后继续生长，4 月上旬藤蔓开始往平棚爬延。

三是保花保果。南瓜和西葫芦的第一档果要尽力保住，否则营养生长与生殖生长将失调而达不到早熟栽培的目的。其具体做法是：每天 8 时前后雌花开放时，用小喷雾器对准雌花柱头喷 30～50 毫克/千克防落素，或用 2.5%坐果灵 1 200～1 700 倍液或用 10～20 毫克/千克 2,4-D 溶液涂雌花。人工授粉在 7～9 时进行。经授粉和激素处理的瓜生长较快，可提前采收。另外，要注意控制好日光温室内的温度。西葫芦和南瓜虽然在低温下有一定的生长能力，但开花结果时要求温度高于 15℃。西葫芦相对地较耐低温，进入结果期早，日光温室内保持适当的温度有利于开花结果。温度过高不利于结瓜，易使植株徒长。温度升到 28℃以上时需适当通风。寿光市4月中下旬开始揭膜，揭膜前应经常通风，使植株经受一段时间的常温锻炼，以防止揭膜后落花落果和产生畸形瓜。

四是肥水管理。南瓜生长前期需控氮肥，因其产量高，结瓜期长，开花结果后需重施追肥。第一次追肥于3月底至4月上旬施入，此时南瓜已开始采收，西葫芦正值采收旺期。选晴天结合灌水，每667平方米日光温室内施入尿素20～30千克，以后间隔10～15天继续追施2次氮肥，每次施入尿素10千克左右。

(6)采收 采用本法栽培南瓜，上市期可提前到4月初，嫩瓜在谢花后15～20天即可采收，采收期一直延续至7月中旬高温天气出现为止。西葫芦3月10日左右开始采收，至5月底采收结束。前期瓜由于温度低，生长速度较慢，需15天左右采收，其后温度渐高，生长速度较快，8～9天便可采收。5月底拔除西葫芦植株，整地套种小白菜，25～30天后采收。

100. 什么是大棚春花椰菜、南瓜高效间作技术模式？

大棚南瓜栽培过程中前期土地剩余空间大，造成土地及光热资源浪费。采用花椰菜、南瓜套作栽培，可充分利用土地和光热资源，投资少，方法简便，经济效益高。

(1)间套带 每3.3米为一个间套带，平均分成3畦，每畦宽度1.1米。栽前开沟做畦，沟宽45厘米，深15厘米，施足农家肥，每667平方米加施氮、磷、钾复合肥25～30千克。栽2畦花椰菜，每畦栽2行，留下1畦以后栽1行南瓜。

(2)品种选择和育苗 花椰菜在春季属反季节栽培，经试验大多数品种表现早出球、球小、起毛、散球快。而华玉大花菜80天表现球洁白、紧实、商品性好。于12月中旬在阳畦内播种育苗，先将苗床浇湿，再均匀播上种子，每 10 克种子播 6 平方米，盖细土 0.5 厘米厚。晚上在阳畦的棚膜上加盖草苫保温，后期注意放风降温、散湿以培育壮苗。

南瓜可选用爱碧斯。早春 2 月上旬育苗，先将种子在 30℃温水中浸泡 4～5 小时，捞出后摊在湿毛巾上，卷起来放进恒温箱，温度调至 32℃进行催芽。一般经 24～26 小时后可破壳出芽。一般农户多采用土保温箱催芽，其方法是：用湿毛巾卷好种子，放进一个长为 40 厘米、宽 30 厘米、高 40 厘米的纸箱内，再悬置一个 25 瓦的灯泡，同时插进温度计，外面包上棉垫保温，将温度控制在 32℃左右进行催芽。将发芽的种子挑出来种植在备好的营养钵里，每钵 1 粒，盖营养土 1～1.5 厘米，置于温室或阳畦内，白天温度须达到 25℃以上，夜间不低于 5℃。未发芽的继续催芽。出苗后营养钵内要及时洒水，并注意通风降温，以培育壮苗。

(3)定植与管理 春季花椰菜定植时间一般在 2 月 25 日前后，苗龄约 70 天，4～5 片真叶。定植前苗床可喷洒 50%百菌清或甲霜铜防治苗腐病。大小行种植，大行 65 厘米，小行 45 厘米，株距 45 厘米，每畦栽 2 行，随栽随盖拱棚。每 667 平方米栽 2 690 株。3 月份光照充足，应随时放风降温，使拱棚内温度不超过 28℃。花椰菜生长至小盆口大时去掉覆盖物，可在下午后半晌或阴天进行。花椰菜需肥量大，定植后一般追肥 2～3 次，可冲施人粪尿或每 667 平方米施入尿素 20 千克。花椰菜的虫害主要有菜青虫和小菜蛾，可选用灭幼脲、阿维虫清等生物农药防治。

南瓜育苗期约 35 天，长至 4～5 片叶即可定植，定植时间在 3 月 10 日前后，株距 53 厘米，单行种植，每 667 平方米栽 380 株，栽后随即覆盖小拱棚。当多数瓜秧长到顶住小拱棚时，便可去掉拱棚。压蔓2～3次，打掉分枝，第一个雌花开放后须在7～9时进行人工授粉，其具体做法是：将布满花粉的雄蕊轻轻抹在雌花柱头上。每朵雄花可供4～6朵雌花授粉。由于是一代杂交种，坐瓜整齐一致。第一个瓜结成后，便保留分枝，使主茎、分枝都坐瓜，也不必再进行人工授粉。南瓜苗期易受瓜蚜为害，可用10%吡虫啉或阿维菌素进行防治。南瓜其他虫害发生较少，容易进行无公害栽培。每采收1茬瓜，要追施1次肥料，可冲施人粪尿或氮、磷、钾复合肥。

(4)收获与效益 花椰菜收获时间在5月1日前后。采收前5天要折叶覆盖花球，使花球保持洁白。当手摸花球底座稍有增高、植株外叶明显张开时为采收适期。单球1～1.5千克。花椰菜是多次收获，每收获一次要及时清除残茬，给南瓜腾出空间，直到采收完毕。南瓜以采收嫩南瓜上市较合算，也可以兼收一部分老瓜。待幼瓜外皮由亮绿变成暗墨绿色时，即为采收适期，一般在5月20日前后采收，可比露地栽培提早35天。第一瓜长至1千克左右时，便开始坐第二个瓜。连同分枝结瓜，每株可结3～5个瓜。采收期一般持续到11月上旬。单瓜重2～2.5千克，每667平方米产量可达5000～6000千克。

附　录

一、山东省地方标准　日光温室(冬暖大棚)越冬茬西葫芦栽培技术规范

1. 范　围

本标准规定了日光温室(冬暖大棚)西葫芦越冬茬栽培的品种选择，育苗、温、光、气、水、肥等管理及病虫害防治措施。

本标准适用于日光温室栽培条件下，每 667 平方米(亩)产量 1.2 万千克左右的越冬茬西葫芦栽培。

2. 品种选择

宜选择早熟、短蔓类型的品种，如早青一代、潍早 1 号、灰采尼、奇山 2 号、纤手等品种。

3. 育　苗

3.1 苗床准备

在温室内建造苗床，苗床为平畦，宽 1.2 米，深 10 厘米。育苗用营养土可用肥沃大田土 6 份，腐熟圈肥 4 份混合过筛。每立方米营养土加腐熟并捣细的鸡粪 15 千克、过磷酸钙 2 千克、草木灰 10 千克(或氮、磷、钾复合肥 3 千克)、50%多菌灵可湿性粉剂 80 克，充分混合均匀。将配制好的营养土装入营养钵或纸袋中。装土后营养钵密排在苗床上。

3.2 播种期

越冬茬西葫芦播种期为 10 月上中旬。

3.3 种子处理

每 667 平方米需种子 400～500 克。播种前将西葫芦种

子在阳光下曝晒几小时并精选。在容器中放入50℃～55℃的温水，将种子投入水中后不断搅拌，待水温降至30℃时停止搅拌，浸泡3～4小时。浸种后将种子从水中取出，摊开，晾10分钟，再用洁净湿布包好，置于28℃～30℃下催芽，经1～2天可出芽。

3.4 播　种

70%以上种子出芽时即可播种。播种时先将营养钵(或苗床)灌透水，水渗下后，每个营养钵中播1～2粒种子。播完后覆土1.5～2.0厘米厚。再在覆土上喷洒50%辛硫磷乳油800倍液，防治地下害虫。

3.5 苗床管理

播种后，床面盖好地膜，并扣小拱棚。出土前苗床气温，白天28℃～30℃，夜间16℃～20℃，以促进出苗。幼苗出土时，揭去床面地膜。出土后至第一片真叶展开，苗床白天气温为20℃～25℃，夜间13℃～15℃。第一片真叶形成后，白天保持22℃～26℃，夜间13℃～16℃。苗期干旱可浇小水，一般不追肥，但在叶片发黄时可行叶面追肥。定植前5天，逐渐加大通风量，白天20℃左右，夜间10℃左右，降温炼苗。

3.6 壮苗标准

茎粗壮，节间短，叶色浓绿，有光泽，叶柄较短，根系完整，3叶1心，株型紧凑，苗龄25天左右。

4. 定　植

4.1 整地、施肥、做垄

每667平方米施用腐熟优质圈肥5～6立方米，鸡粪2 000～3 000千克，磷酸二铵50千克，还可增施饼肥，每667平方米施150千克。将肥料均匀撒于地面深翻30厘米，耙平地面。施肥后，于9月下旬至10月上旬扣好塑料薄膜。定植前15～20天，每667平方米用45%百菌清烟剂1千克熏烟，严密封闭薄膜进行高温闷棚消毒10天左右。

起垄种植，种植方式有两种：一种方式是大小行种植，大行80厘米，小行50厘米，株距45～50厘米，每667平方米栽植2 000～2 300株；另一种方式是等行距种植，行距60厘米，株距50厘米，每667平方米栽植2 200株。按种植行距起垄，垄高15～20厘米。

4.2 定　植

仔细从苗床起苗，在垄中间按株距要求开沟或开穴，先放苗并埋入少量土固定根系，然后浇水，水渗下后覆土并压实。定植后及时覆盖地膜，栽培垄及垄沟全部用地膜覆盖。

5. 定植后管理

5.1 温度等调控

缓苗阶段不通风，密闭以提高温度，促使早生根，早缓苗。白天室温应保持25℃～30℃，夜间18℃～20℃，晴天中午室温超过30℃时，可利用顶窗少量通风。缓苗后白天室温控制在20℃～25℃，夜间12℃～15℃，促进植株根系发育，有利于雌花分化和早坐瓜。缓苗后至坐瓜前，控制浇水，可掀开地膜中耕2～3次，以促根控秧。坐瓜后，白天提高温度至22℃～26℃，夜间15℃～18℃，最低不低于10℃，加大昼夜温差，有利于营养积累和瓜的膨大。

温度的调控措施主要是按时揭盖草苫、及时通风等。深冬季节，白天要充分利用阳光增温，夜间增加覆盖草苫保温，在覆盖草苫后可再盖一层塑料薄膜。清晨揭苫后及时擦净薄膜上的碎草、尘土，增加透光率。还可在后立柱处张挂镀铝反光幕以增加室内后部的光照。

2月中旬以后，西葫芦处于采瓜的中后期，随着温度的升高和光照强度的增加，要做好通风降温工作。根据天气情况等灵活掌握通风口的大小和通风时间的长短。原则上随着温度升高要逐渐加大通风量，延长通风时间。进入4月下旬以后，利用天窗、后窗及前立窗进行大通风，不使室温高于30℃。

5.2 植株调整

5.2.1 吊 蔓

对半蔓性品种，在植株有8片叶以上时要进行吊蔓与绑蔓。田间植株的生长往往高矮不一，要进行整蔓，扶弱抑强，使植株龙头高矮一致，互不遮光。吊蔓、绑蔓时还要随时摘除主蔓上形成的侧芽。

5.2.2 落 蔓

瓜蔓高度较高时，随着下部果实的采收要及时落蔓，使植株及叶片分布均匀。落蔓时要摘除下部的老叶、黄叶。去老黄叶时，伤口要离主蔓远一些，防止病菌从伤口处侵染。

5.2.3 保 果

冬春季节气温低，传粉昆虫少，西葫芦无单性结实习性，常因授粉不良而造成落花或化瓜。因此，必须进行人工授粉或用防落素等激素处理才能保证坐瓜。方法是在9～10时，摘取当日开放的雄花，去掉花冠，在雌花柱头上轻轻涂抹。还可用30～40毫克/千克的防落素等溶液涂抹初开的雌花花柄。

5.3 肥水管理

定植后根据墒情浇一次缓苗水，促进缓苗。缓苗后到根瓜坐住前要控制浇水。当根瓜长达10厘米左右时浇一次，并随水每667平方米追施磷酸二铵20千克，或氮、磷、钾复合肥25千克。深冬期间，20天左右浇一次水，浇水量不宜过大，并采取膜下浇暗水。每次水可追肥一次，随水每 667 平方米冲施氮、磷、钾复合肥 10～15 千克，要选择晴天上午浇水，避免在阴雪天前浇水。浇水后在室温上升到 28℃时，开通风口排湿。如遇阴雪天或室内湿度较大时，可用粉尘剂或烟雾剂防治病害。

2 月中下旬以后，间隔 10～12 天，浇一次水，每次随水每 667 平方米追施氮、磷、钾复合肥 15 千克，或腐熟人粪尿、鸡粪 300 千克。植株生长后期叶面可喷洒光合微肥、叶面宝等。

5.4 二氧化碳施肥

冬春季节因温度低，通风少，若有机肥施用不足，易发生二氧化碳亏缺，可进行二氧化碳施肥，以满足光合作用的需要。常用碳酸氢铵加硫酸反应法，碳酸氢铵的用量，深冬季节每平方米施 3～5 克，2 月中下旬后每平方米施 5～7 克，使室内二氧化碳的浓度达到 1 000 毫克/立方米左右。

6. 病虫害防治

保护地西葫芦的主要病害是病毒病、白粉病、灰霉病等，主要虫害是蚜虫、白粉虱等。在病虫害化学防治中，要选用高效、低毒、低残留农药，并严格用药间隔期。

病毒病：及时防治蚜虫、白粉虱等，减少害虫对病毒的传播；发病初期可选喷植病灵乳剂，或病毒 A 可湿性粉剂，每 10 天喷 1 次，连续防治 3～4 次。

白粉病：发病初期用科博与粉锈宁交替使用，隔 5～7 天喷 1 次，共喷 3～4 次。

灰霉病：发病初期用科博与速克灵，或灰霉克交替使用，隔 5～7 天喷 1 次，共喷 3～4 次。

蚜虫：可选用虫螨克、乐斯本或灭杀毙，每 7～10 天喷雾 1 次，连喷 2 次。或用 22%敌敌畏烟剂熏杀，每 667 平方米用药 300 克。或用 80％敌敌畏乳油掺适量锯末，点暗火熏杀，每 667 平方米用药 300 克。

白粉虱：利用黄板诱杀；棚室内傍晚用敌敌畏乳油和水以 1∶1 的比例混合后加热熏蒸。或选喷乐斯本、扑虱灵、虫螨克等药剂。喷洒杀虫剂后 7 天，方可采收。

7. 采　收

西葫芦以食用嫩瓜为主，开花后 10～12 天，根瓜达到 250 克采收，采收过晚会影响第二瓜的生长，有时还会造成化瓜。长势旺的植株适当多留瓜、留大瓜，徒长的植株适当晚采瓜；长势弱的植株应少留瓜、早采瓜。采摘时要注意不要损伤主蔓，瓜柄尽量留在主蔓上。

二、日光温室蔬菜主要病虫害种类及农药防治方法

（根据寿光菜农防治病虫害经验总结）

1. 真菌类病害

(1)霜霉病、疫病(包括早疫病、晚疫病)用药种类及使用方法

70％乙磷铝・锰锌 500 倍液，72.2％普力克（霜霉威）800 倍液，58％雷多米尔・锰锌（甲霜灵・锰锌）500 倍液，50％甲霜・铜 600 倍液，50％甲霜・铝・铜 500 倍液，64％杀毒矾 500 倍液，85％三乙磷铝 500 倍液，69％安克・锰锌 600～800 倍液，58％霜尽 400～500 倍液，72％霜脲・锰锌（又名克露・霜疫清、霜疫净、红太阳等）500～600 倍液，50％灭克（氟吗锰锌）500～600 倍液，菌立灭 4 号 500 倍液，50％加收米水剂 500 倍液，易保 500～600 倍液，58％烯酰吗啉・福美双 500～600 倍液，58％烯酰吗啉・锰锌 500～600 倍液。每 5～7 天喷 1 次，防治 2～3 次。

(2)灰霉病、煤污病用药种类及使用方法 喷洒50%速克灵(腐霉利)可湿性粉剂1 000倍液,50%扑海因可湿性粉剂或悬浮剂1 000倍液,70%甲基托布津可湿性粉剂500～600倍液,40%百可得可湿性粉剂1 500倍液,40%施佳乐悬浮剂800～1 200倍液,50%农利灵500倍液,绿亨5号1 000～1 500倍液。每5～7天喷1次,连续防治2～3次。

(3)叶霉病、白粉病、锈病等用药种类及使用方法 喷洒氧硅唑(福星)4 000倍液,腈菌唑(福腈)1 500倍液,三唑酮(又名百里通、粉锈宁、20%粉锈宁乳油)一般作物3 000倍液以上、个别作物4 000倍液以上,速得利12.5%可湿性粉剂3 000倍液,德国拜耳公司生产的戎唑醇(好力克)5 000倍液,美国杜邦公司生产的万兴1 500倍液,国产赛星3 000倍液,世高800倍液,叶霉威500倍液,多霉威500倍液。以上农药每5～7天喷1次,交替使用,连续防治2～3次。

(4)蔓枯病、炭疽病等病害用药种类及使用方法 喷洒36%甲基硫菌灵悬浮剂400～500倍液,75%百菌清可湿性粉剂600倍液,80%炭疽福美胂600～800倍液,64%杀毒矾500～600倍液,77%氢氧化铜(又名可杀得、丰护安、瑞扑)500倍液,56%氧化亚铜(又名靠山)500～700倍液,菌立灭4号500～600倍液喷雾,也可用上述农药1倍溶液涂抹病部。还可用50%春雷氧氯铜(又名加瑞农、加收米)500倍液,50%施保功可湿性粉剂(通用名称为咪鲜安锰络合物)2 000倍液,安美托600～800倍液,炭疽净500倍液喷雾,每5～7天喷1次,交替使用,从发病初期开始,连续防治2～3次。

(5)斑枯病、褐斑病、灰斑病、轮纹病等叶斑病类用药种类及使用方法 喷洒75%达科宁(百菌清)500～600倍液,64%杀毒矾可湿性粉剂500～600倍液,70%代森锰锌、80%大生、强生等600～800倍液，10%多抗霉素（宝丽安）800～1 000倍液，好力克5 000倍液，施保功2 000倍液，易保500倍液，品润500倍液，斑博、斑神、斑速尽、叶斑净等500倍液，甲霜灵·锰锌500倍液喷雾。从发病初期开始，每5～7天喷1次，交替使用，连续防治2～3次。

(6)黄萎病、枯萎病、立枯病、根腐病等土传病害用药种类及使用方法 播种前可用50%多菌灵可湿性粉剂处理种子和土壤，或在生长期灌根、冲施；也可用恶霉灵（土菌清）拌种、处理土壤及在生长期灌根，防治茄子黄萎病及其他土传病害效果显著。用50%甲羟翁水剂500倍液浸种24小时，或用1 500倍液从苗期开始喷雾，每7天喷1次，连喷2～3次，对各种土传病害均有明显效果。用58%烯酰吗啉·福美双（又名霜尽、盖克）500倍液喷灌根际部，或在生长期每株灌药液250毫升，可防治各种土传病害。用45%三唑酮·福美双可湿性粉剂300倍液浸种或600～800倍液灌根，对茄子黄萎病、枯萎病以及各种作物的根腐病、立枯病、猝倒病、炭疽病、茎基腐病等土传病害均有较好防治效果，并能治愈根腐病、茎基腐病等病害。另外，用绿亨1号、8号、2号800～1 500倍液喷雾灌根，效果良好。用根病灵500倍液喷雾，防治效果也很好。用苗菌敌在育苗时处理苗床土壤，能培育无病菜苗，但不宜喷雾幼苗，以免发生药害。

(7)绵疫病、绵腐病、菌核病、白绢病等病害用药种类及使用方法 可用乙烯菌核利（农利灵）50%可湿性粉剂500～600倍液均匀喷洒作物发病各部位，每5～7天喷1次，防治2～3次。也可用40%菌核净可湿性粉剂3 000倍液喷雾防治，但此药易发生药害，因此应在专家指导下使用。用58%甲霜灵·锰锌500倍液喷雾防治绵疫病等病害，若与菌立灭4号或双抗霉素混合使用效果更好。也可用70%乙磷铝·锰锌与菌立灭4号或双抗霉素混合500～600倍液喷雾防治，还可用64%杀毒矾500倍液与速克灵、百可得等农药1 000倍液混合喷雾。

(8)芝麻斑点病、胡麻斑点病等病害的用药种类及使用方法 用络氨铜(又名消病灵、菌杀、双效灵、克病增产素、胶氨铜)15%或25%水剂300～500倍液喷雾防治，对防治各种作物上的芝麻斑点病、胡麻斑点病等效果显著，且能兼治细菌性病害。也可用77%氢氧化铜(可杀得、丰护安)400～500倍液喷雾防治。用30%氧氯化铜悬浮剂(氯化氧铜、王铜)600～800倍液喷雾，能有效防治芝麻斑点病、胡麻斑点病及各种细菌性病害。用德国拜耳公司生产的好力克5 000倍液防治芝麻斑点病，效果也很好。

2. 细菌性病害

(1)细菌性角斑病、叶斑病、缘枯病、斑疹病等病害用药种类及使用方法 用二元酸铜(琥胶肥酸铜、DT)30%悬浮剂500～600倍液喷雾防治叶片和果实上的细菌性病害，均有较好的防治效果。用15%或25%络氨铜水剂300～500倍液防治西瓜、甜瓜上的细菌性病害，效果良好。用噻枯唑(又名叶枯唑、川化-018、叶青双、叶枯宁、细菌净、细菌特净、细菌除尽、细菌扑杀等)20%或25%可湿性粉剂400～500倍液喷雾防治叶片及果实上的细菌性病害，均有理想的效果，且能与任何农药混合使用，深受广大菜农的欢迎。用72%农用链霉素4 000倍液或每500万单位链霉素对水15升喷雾防治叶片及果实上的细菌性病害，均有很好的效果。另外，选用绿亨6号800～1 500倍液，绿亨7号(77%氢氧化铜)500～600倍液，冠菌清1 000倍液，冠菌铜(77%氢氧化铜)800倍液，可杀得2000制剂3 000倍液，抑快净800～1 000倍液，防治叶片和果实上的细菌性病害也有理想的效果。

(2)细菌性青枯、溃疡、疮痂、茎部坏死等病害用药种类及使用方法 用50%DT可湿性粉剂500～600倍液喷雾、灌根，每5～7天喷1次，每10～15天灌根1次。也可用绿亨6号1 000倍液或用30%氧氯化铜300～500倍液喷雾、灌根，还可用冠菌清1 000倍液喷雾、灌根。

3. 各种作物病毒病用药种类及使用方法 用盐酸吗啉胍酮(又名病毒A、病毒净、病毒除尽)20%可湿性粉剂400～500倍液喷雾，每3～5天喷1次，连喷3次；也可用5%菌毒清水剂(市场上出售的病毒净、毒痊净、毒霸等，主要成分就是菌毒清)300倍液喷雾防治；用1.5%植病灵乳剂600倍液喷雾，效果均较理想。用病毒克星1小袋(25克)对水30升，菌克毒克600倍液，农康1小袋(10克)对水15升，喷雾防治病毒病均有较好的效果。

4. 广谱性生物及抗生素杀菌杀毒剂 ①用井冈霉素15%或17%水溶性剂500～1 000倍液喷雾、灌根，对真菌、细菌、病毒各类病害均有较好的防治效果。②用根叶康(由青岛中垦化工有限公司生产)拌种、喷雾均能杀伤真菌、细菌病害，并能明显减轻各种作物病毒病的发生。③用益微(商品暂用名)拌种、喷雾能防治各种作物苗期病害、土传病害，对各种病毒类病害也有良好的控制作用。用益微拌种时，每20克可拌667平方米需用的种子；用于生长期喷雾时，每20克益微对水15～30升。

5. 大棚虫害种类及用药方法

(1)白粉虱、烟飞虱、蚜虫、蓟马等刺吸式口器害虫的用药种类及使用方法 此类农药种类很多，这里仅介绍主要品种及使用方法：用蚜虱宝1 000～1 500倍液，粉虱特1 000倍液，扑虱灵 800～1 000 倍液，菜喜 1 500 倍液，阿克泰 3 000 倍液，除尽 1 500 倍液，绿菜宝1 500倍液喷雾防治。

(2)斑潜蝇用药种类及使用方法 用神农乐 600～800 倍液，绿菜宝 1 500 倍液，菜喜 1 500 倍液，阿克泰 2 000 倍液，尽胜 1 500 倍液，48%乐斯本乳油 800～1 000 倍液，1.8%爱福丁乳油 3 000 倍液，10%吡虫啉水剂 1 500～2 000 倍液，10%天王星乳油 3 000～4 000 倍液喷雾防治。

(3)各种螟虫、蛾类虫害用药种类及使用方法 大棚蔬菜的此类害虫有棉铃虫、斜纹夜蛾、小菜蛾、菜青虫等咀嚼式昆虫和地蛆等地下害虫。可用50%辛硫磷乳油 1 000～1 500 倍液喷雾或冲施灌根，用 20%高效氯氰菊酯 2 000 倍液喷雾防治各种咀嚼式昆虫，用 50%～80%敌敌畏乳油 1 000～1 500 倍液喷雾防治各种害虫，用敌敌畏制作的各种类型的烟雾剂均能防治各种害虫。还可用 90%万灵 1 500 倍液，48%乐斯本乳油 800～1 000 倍液，生物药安打 3 000 倍液喷雾防治。

(4)各种螨类用药种类及使用方法 用 73%克螨特乳油 2 000～3 000 倍液，20%螨死净 2 000～2 500 倍液，20%扫螨净 3 000～4 500 倍液，虫螨杀星 1 500 倍液，阿维除尽1 000～1 500 倍液，1.8%阿维菌素 1 500 倍液喷雾防治。

6. 根结线虫、茎线虫用药种类及使用方法 施用福气多、米乐尔、好年冬、线敌、线虫灵、线虫除尽、线虫速灭等颗粒剂防治，处理土壤时每 667 平方米用 10～20 千克，做条施或穴施时用 3～5 千克。也可用克兰德桑水剂灌根和冲施，灌根时用 800～1 000 倍液，每株灌250～500 毫升药液；冲施时，每 667 平方米冲施 2～3 桶，即 2～3 千克农药。也可用阿维菌素 1.8%水剂 1 千克冲施在菜地里，防治线虫的效果也很好。

7. **各种作物除草剂** 种类很多，寿光市推广的有以下品种。

(1)**高效盖草能** 主要用于油菜、西瓜、甜瓜、马铃薯等阔叶作物和阔叶蔬菜地的除草。其使用方法是，在作物播种后或作物具2～3片复叶时，每667平方米用10.8%盖草能乳油30～35毫升对水60升喷雾处理。

(2)**苯磺隆(又名杜邦巨星、阔叶净)** 主要用于冬小麦杂草。其使用方法是，每667平方米用75%巨星干悬浮剂1～1.5克对水30～40升喷雾防除杂草。

(3)**乙莠水(通用名称乙草胺＋莠去津)** 主要用于玉米田防除杂草。其使用方法是，在玉米播种后出苗前，每667平方米用40%乙莠水悬浮剂300～400毫升对水40～50升喷雾防除玉米田杂草。

(4)**除草醚** 适合施用的作物有大豆、花生、芹菜、胡萝卜、萝卜、茴香、油菜、菜花等作物，最适宜喷雾防治杂草。但是，应在作物播种后出苗前应用。其使用方法是，每667平方米用25%除草醚可湿性粉剂500克左右对水30升喷雾处理土壤表面。

(5)**除草通(又名施田朴)** 适合施用的作物有玉米、大豆、棉花、蔬菜等作物，用于防除稗草、马唐草、狗尾草、早熟禾、藜、苋菜等杂草。其使用方法是，播种后出苗前每667平方米用33%施田朴乳油200～300毫升对水30～40升喷雾于地表。

(6)**地乐胺** 适用于大豆、茴香、萝卜、胡萝卜、韭菜、菜豆等作物防除杂草。其使用方法是，每667平方米用48%地乐胺乳油200～300毫升对水30～40升，喷雾处理地表，施药后划锄混土，然后再播种或移栽。

8. 大棚鼠害用药种类及方法 防治鼠害的方法很多，但要求对人、畜必须安全。这里仅介绍三种防鼠药的使用方法。

(1)绿亨鼠克 用1份药对水50毫升，再加入250～500克新鲜饵料搅拌均匀，于傍晚撒在老鼠出没的路线上。

(2)大卫 用1小盒大卫(5克)配制500克毒饵，于傍晚撒在老鼠出没的路线上。

(3)玉虎 用玉虎5毫升对水50毫升，与500克新鲜玉米或小麦粒拌匀制成毒饵，撒在老鼠出没的路线上。

9. 植物生长调节剂 大棚瓜菜有时生长过快，有时生长过慢，有时因温度过高或过低造成落花落果或化瓜现象，有时形成花打顶现象，这就需要用生长调节剂进行调理。寿光市菜农常用的生长调节剂有以下几种。

一是刺激生长，使果实变大变长的生长调节剂。主要有赤霉素、细胞分裂素、复硝酚胺(市场上销售的甜瓜膨大素、西瓜膨大素等)。

二是抑制作物生长的调节剂。主要有矮壮素、缩节胺(助壮素、稳丰等品牌)、多效唑、比久等。

三是促使作物果实早熟的生长调节剂。主要有40%乙烯利水剂、国光牌催红剂、必多收等药剂。

四是保花保果的生长调节剂。目前市场销售的主要有2,4-D、防落素、施特优、萘乙酸、芸薹素内酯(云大-120)、复硝酚钠(又名爱多收、爱农、丰产素、巨丰系列叶肥)等。

10. 大棚蔬菜生理性病害及缺素症用药种类 此类农药大多为蔬菜常用叶肥，种类很多，有爱多收、爱农、康凯、云大-120、云大-中天、纳米磁能液、绿芬威系列，铁、锌、钙达灵，金钙宝、三不落、巨丰系列、稀土绿霸王、太得肥等。

冬玉

百利

斯卡万

玉秀

金 榜

金元帅

金蜡烛

金珊瑚

吉 美

红甜栗

爱碧斯

日本橘瓜

吊南瓜

砍 瓜

西葫芦覆膜栽培

西葫芦三角形栽植

西葫芦吊蔓栽培

西葫芦苗长到3～4片真叶时，用150毫克/千克乙烯利喷洒植株，节节有瓜

激素保瓜在涂瓜胎的同时，轻点一下雌蕊柱头

砧木——黑籽南瓜

南瓜吊蔓栽培

南瓜爬地栽培

南瓜双株并接后根系发达

南瓜压蔓

南瓜甩蔓期用吊绳吊蔓

西葫芦蔓枯病

西葫芦白粉病

西葫芦灰霉病

西葫芦菌核病（病果）

西葫芦黑星病

西葫芦病毒病（病果）

南瓜白粉病初期